JN204695

改訂版

四つのエーテル

―シュタイナーのエーテル論に向けて―

エルンスト・マルティ著／石井秀治訳

Marti, Ernst
Die vier Äther: zu Rudolf Steiners Ätherlehre
Verlag Freies Geistesleben

目次

原註には★を、訳註には☆を付しました。

短い訳註は小さいポイントで当該の文末に、長い訳註は原註とともに巻末に置きました。

原本のイタリックは基本的に傍点を付すことで代えましたが、太字にした箇所もあります。

訳者が付した傍点もあります。これは〈　〉においても同じです。

訳者による参考資料を巻末に置きました。

はじめに

１９６０年と１９６６年に発表された私の二つの小論文（本書の第一章と第二章）には、長い時が経たにもかかわらず、多くの問い合わせが寄せられていました。そこで、それらの声に応えようと、この二つの小論文に現在執筆中の《エーテル的なもの (das Ätherische)》の一部を加えた本書が出版されることになりました。

〈四つのエーテル〉に関して概括的に述べたこれら三つの小論文は、ルドルフ・シュタイナーのことばを起点に置いています。つまり本書の記述内容は、〈アントロポゾフィーは自然と世界をどのように観ているのか〉という根本的な問題（特に、１９２４年に出版されたギュンター・ヴァクスムート Guenther Wachsmuth の著作《宇宙・地球・人間の内のエーテル的形成諸力 ― 生命の探求へ向けて》★によって示された根本的な問題）に関連しています。この根本的な問題は、四つのエーテルと形成諸力（Bilde-kräfte：形 ― 形態・形姿 ― を成さしめる諸力）を同一視している彼の著作においては、すでに解決済みの問題であるかのように扱われています。しかし、四つのエーテルと形成諸力はひとつの同じものなのか、それとも二つの別のものなのかという問題は、実際のところ、まだまったく検証されておりません。こうして、四つのエーテルと形成諸力を同一のものとするヴァクスムートの見解は、ルドルフ・シュタイナーが没した１９２５年の後、今日に到るまで、自然と人間に関する科学に取り組んでいるアントロポゾフィーの基礎と見なされることになったのです。

ルドルフ・シュタイナーは、植物、動物、人間における生命原理を、エーテル体あるいは生命体と名づけ、その後そこに、形成諸力体という名称をつけ加えました。これら三つの名称は同一の対象に向けられていますが、その都度、さまざまな関連において語られています。たとえば私たちは、ある一軒の家について次のように語ります。その家の建材は石である／木である、その家にはあれ／これの部屋がある、その家は店舗である／住居である … と。それは一軒の同じ家です。しかし私たちはその家を、その家に使われている材料は何か、その家の空間構成はどのようなものか、その家はどのように使われているか、等々によって区別しています。これと同じように、《エーテル体》という名称は生命体の実体に、《生命体》という名称は生命を生み出す活動性に、《形成諸力体》という名称は形態 - 形姿をつくり出す力に光が当てられています。ルドルフ・シュタイナーは、同一の対象に向けられたこれらの名称をとおして、《エーテル体》とその他の世界の現実を、それぞれ異なる関連の内に考察したのです。

今日に到るまで、ヴァクスムートの見解はまったく論評されておりません。私の最初の論文《エーテル諸力と四つのエーテルとの必然的な相違》が出版されたときにも、ヴァクスムートはその論文に対して反論はしたものの、彼の論文の正しさについても私の論文の誤りについても、事実に即した論証はしていません。★ ヴァクスムートの論文を無批判に受け入れることによって、彼の誤謬はアントロポゾフィーの二次文献に広く行きわたることになったのです。

ルドルフ・シュタイナーは、四つのエーテルと形成諸力に関する系統だった説明はしていません。両者に関する彼の見解は、通観不可能とも言えるほどの多数の講演録や著作のなかに見出されるのですが…。彼は、その都度ごとの文脈(コンテクスト)によって異なる両者のさまざまなあり方を、アントロポゾフィーの諸テーマ、医学、教育、農業、自然科学との関連において述べています。本書を出版することにした私たちの意図は、彼のそれらの見解をひとつにまとめようとすることでもありませんし、それらの関連について述べることでもありません。そうではなく、ルドルフ・シュタイナーの基本的な見解から — つまり四つのエーテルの名称、宇宙史におけるそれらの発生順序、それらと四大元素（地・水・火＝熱・風＝空気）との対照性から — エーテルの世界を理解していこうとすることにあります。私たちのこの意図が実現するなら、それは、ルドルフ・シュタイナーの多方面にわたることばを理解するための基礎を固めることになり、また、それらのことばを — 四つのエーテルの個別的な現れあるいは特徴描写として — 理解するための基礎が得られることにもなるでしょう。

四つのエーテルはエーテル体の内で、ひとつの統合体、ひとつの全体へと結びつけられ、有機的に作用しています。四つのエーテルはまた、個々のものとしても、それぞれひとつの活動性を有しており、無機的・物理的にも作用しています。物質的な事象が《物質的なもの》として括られているように、四つのエーテルとエーテル的形成諸力のさまざまなあり方も、全体として《エーテル的なもの》と呼ぶことができるでしょう。エーテル的なものを描写することは、私たちの時代に与えられた課題です。しかしこの課題は、ルドルフ・シュタイナーのことばにもとづきつつ果たされるべき課題なのです。

バーゼル　1974年 復活祭

医学博士 エルンスト・マルティ

エーテル的形成諸力と四つのエーテルとの必然的な相違

現代の科学は四大元素（地・水・火＝熱・風＝空気）を知りません。物質の凝集状態（固体・液体・気体）は元素ではありません。古代ギリシアの自然認識は四大の理解にもとづいています。そしてそこに、いわば五番目のものとしてエーテルが加わりました。アリストテレスは言っています。《それは、地・水・空気・熱とは異なる、永遠なるもの、永遠に廻るものだ》と。

四大にもとづく自然認識は近代の幕開けとともに失われていきました。かつて宇宙は、エーテルの皮膚のように地球を覆っていた蒼穹によって、ひとつの全体、ひとつの有機体へと統合されていました。蒼穹の内にあるすべてに、自らにふさわしい場所が与えられていたのです。しかし、世界は個々のものの単なる集合体でしかないのだという認識が生まれ、もはや蒼穹が世界の果てではなくなったとき、全体からしか把握され得ない四大の理念も失われることになりました。世界はそれ以降、一種の集合体のようなものになったのです。ゲーテの《散文的箴言》の一節☆のなかのことばを入れ替えて、次のように言うこともできるでしょう。《集合体は経験の総計であり、元素は経験の帰結である。集合体を得るためには悟性が必要であり、元素を把握するためには理性が必要である》

エーテルの理念は科学の領域に久しく保たれてきましたが、私たちの世紀に入って放棄されるに到りました。そしてそれに代わって、他の力の世界―電気、磁気、原子力の深部に潜んでいるエネルギーの世界―が科学の光を浴びることになり、実際に使用されるようになったのです。ルドルフ・シュタイナーは、このエネルギーの世界、電気、磁気、原子力を《堕落したエーテル》と呼んでいます。

ルドルフ・シュタイナーがアントロポゾフィーの見地から新しい自然認識の基礎を築いたころの最初の業績は、四大の認識を再び根拠づけたことでしょう。その重要性は現在でもなお正しく受け入れられてはいないのですが……。そこで語られた彼のことばは、四大のあり方とその相互関連とに関する、つねに新しい示唆に満ちています。同じころ彼は、エーテルに関するまったく新しい認識についても語っています。そう、古代ギリシアの単一的なエーテルは、彼によって四つのエーテルとして、つまり熱-、光-、音（＝化学）-、生命エーテルとして示され、それらの起源、それらのあり方、それらと世界との関連が明らかにされたのです。

それにしてもエーテルとは何なのでしょうか？　地・水・空気・熱とは異なる何か、しかしある法則のもとに、それらと結びついている何かです。ルドルフ・シュタイナーは、四大と四つのエーテルは土星☆の熱に由来することを見出しました（現在の土星ではなく、地球がたどってきた宇宙史的諸段階のうちの最初の段階で、古土星と呼ばれている）。四大と四つのエーテルは、地球がたどってきたそれぞれの段階に、一対ずつ新たに生じました。古土星紀には熱エーテルと熱が、古太陽紀には光エーテルと空気が、古月紀には音エーテルと水が、そして私たちの地球紀には生命エーテルと地元素が生じました ― それぞれ上位・下位の、天上的・地上的な、生けるものの内では深く浸透し合って共働しており、生命なきものの内では個別的に作用している四つの対、そう、同一の起源を有する四つの対のきょうだいが。四大元素と同じように、四つのエーテルにもそれぞれの特徴があり、その性質、振る舞い、働きを異にしています。四大元素と四つのエーテルを全体として対置するなら、四つのエーテルは上にあるもの、軽いもの、包括的なものであり、四大は下にあるもの、重いもの、特殊なものであると言えるでしょう。四大が由来する源はいわば中心に、四つのエーテルの源は周辺にあります。つまり四大は中心的、点的、特殊なものであり、四つのエーテルは外延的、全体的、普遍的なものです。数学的に表現するなら、両者は互いにプラスとマイナス、ポジティヴとネガティヴという関係にあると言えるでしょう。

四大元素と四つのエーテルの総体は、統一体としての世界の体☆と人間の体を形成していますかつエーテル的です。(Leib：目に見える見えないにかかわらず、いわば、ひとつのまとまりを成すものの総体)。人間の体は物質的かつエーテル的です。だからこそ私たちは、人間の物質体とエーテル体について語ることができるのです。では、人間の物質体の内に四大元素を探してみましょう。たとえば、骨や歯を地元素に、血液、リンパ液、髄液を水元素に結びつけることは難しくありません。なぜなら、固体化‐結晶化したものは地元素によって刻印されているからであり、流動的なものは《水》の現れであるからです(以降《》内は四大元素を表わします)。さてここで、思いがけないことが明らかになります。血液もリンパ液も髄液も、みんな《水》です。しかしまた、雨水もミルクもガソリンも、みんな《水》です。とはいえこれらの一つひとつは、それぞれ異なる特殊な性質を有しています。では、それら特殊な物質的属性を差し引いた《水》自体とは、いったい何なのでしょうか？　そしてそれはどのように現象するのでしょうか？　それは、感覚によって捉えられる世界には見出すことはできません。個々それぞれの特殊な属性によって限定されていない、《水》そのものというものは存在していません。これは他の元素の場合も同じです。純粋な原理としての四大元素は、自然界のどこにも存在していません。四大は、物質的なものすべてを満たし、その基礎を成し、その現存を可能にします。しかしそれは物質的なものの存在（Da-sein）なのであって、その限定的な在り様（So-sein）なのではありません。物質的なものの限定性（特殊性）を実現するためには、何か別なものが加わって来なければなりません。物質の世界も人間の身体も、さまざまな物質性の内に現れます。《地》そのものは、金や水晶、歯や骨をつくり出すことはできません。また《空気》も、酸素や二酸化炭素やバラの香りをつくり出すことはできません。そこには何かがやって来なければなりません。四大から特定の物質をつくり出していく何か、それはいったい何なのでしょうか？

ルドルフ・シュタイナーはこの問いにも答えています。そう、星々が個々の物質（Stoff）の生みの親であることを明らかにしています。星々の諸力が、四大元素の潜在能力（ポテンシャル）から個々の物質実体（Substanz）をつくり出したのだ、と。

ルドルフ・シュタイナーは四大と諸惑星との関連についても詳しく述べています。たとえば火星は鉄の、土星は鉛の、太陽は金の生みの親です。★ 星々の諸力はともに作用することもできます。たとえばアンチモンは、太陽系惑星の共働によってつくり出されました。十二獣帯の各星座も物質形成に関与しています。たとえば牡羊座は珪素を、牡牛座は窒素を形成しています。しかしルドルフ・シュタイナーは、十二獣帯についてはあまり多くを語っておりません。だからそこには、アントロポゾフィーのさらなる探索の場があるわけです。その方向づけは示されています。すなわち、物質は、四大の内に取り込まれて凝縮した星々の働きなのです。

人体やバラの花やノロジカを観察すれば、そこにはさまざまな物質だけではなく、さまざまな形態☆が見出されます（Gestalt: 以降、このことばには、その都度の文脈に応じて、形姿、姿、体つき、形状、形、等々の訳語も当てています）。人間それぞれに異なる個性的な体つきと耳や鼻の形、ノロジカの下肢や蹄の形、バラの葉や花の形…。これらの形態は何に由来するのでしょうか？ 四大元素にでしょうか？ 物質にでしょうか？ 四大元素は、物質となるポテンシャルを有する存在ではありますが、それ自体には形態をつくり出す力はありません。立方体や半月の形を地元素や水元素を表わすものと見なすことはできるでしょう。しかしその形は、四大の作用のまさに象徴でしかありません。個々の物質の形成に関しては、化学、物理学、結晶学が情報を提供してくれており、個々の物質の結晶化現象は、ある一定の外的条件下に生じる固有のものであることが分かります。しかし、そこに作用しているそれらの形成プロセスは、人体やバラに作用している形成プロセスとはまったく異なるものなのです。個々の物質も、それらの集合体も、有機的自然の形態の生みの親ではあり得ません。では、それらをつくり出している源泉はいったいどこに見出されるのでしょうか？

ルドルフ・シュタイナーによる示唆を、つづけてここに取り上げましょう。彼はエーテル体が物質体の建築家であることを見出しました。そしてそのことによって、体（たい）の諸現象を明らかにしたのです。では、その建築家はいったい何をするのでしょうか？ 建築家は設計図を描いて、建築労働者たちがさまざまな建材を用いて建てる家の形態を決定します。エーテル体は、物質体を設計する建築家なのです。だから私たちはエーテル体の内に、形態をつくり出する生みの親を見つけ出さなければなりません。私たちの考えが正しい過程をたどっていることは、エーテル体は同時に形成諸力体（Bilde-kräfte-leib）であることを明らかにしたルドルフ・シュタイナーの探索をとおして確認することができます。しかし、このことは何を意味しているのでしょうか？形成力（Bilde-kraft）とはいったい何なのでしょうか？

四つのエーテル自体が、形態をつくり出すもの、つまり形成諸力なのでしょうか？いゝえ、違います！四大元素と同じように、四つのエーテルには形態をつくり出す能力はありません。ギュンター・ヴァクスムートが彼の諸著作のなかで四つのエーテルに結びつけているもの（立方体、半月形など）は、四つのエーテルの作用によるものではありません。ルドルフ・シュタイナーをとおして知り得るそれら個々のエーテルを、すべて一緒にしてしまったなら、形成力の本質はけっして明らかにはなりません。むしろ両者をはっきり区別しています。彼自身、四つのエーテルを形成諸力とは呼んでおりません。四大元素が具体的な物質になるためにはそこに何かがやって来なければならないように、四つのエーテルを形成諸力にするためには、やはりそこに何かが加わって来なければなりません。四大元素がそうであるように、四つのエーテルも、形成諸力の土台となるポテンシャルでしかありません。しかしそうであるなら、そこにはいったい何が加わって来なければならないのでしょうか？

四大元素と物質の認識へと向けてたどってきた思考過程を、私たちは四つのエーテルの認識へ向けても、同じようにたどっていかなければなりません。エーテル観察へ向けての — 少なくともイマギナツィオン（Imagination）による認識能力を必要とする — 直接的な知覚能力を私たちがまだ具えていないとしても、四大の（ポジティヴな）世界とエーテルの（ネガティヴな）世界との結びつきとその対照性を解き明かしていけるなら、私たちは私たちの思考と概念とをもって、エーテルの世界へ足を踏み入れることができるのです。四大がそれ自体としては現れず、ある一定の物質的属性をまとって現れるように、四つのエーテルも、現象するためには何かをまとわなければなりません。どのエーテルも裸では現れません。四つのエーテルは個々それぞれ、ひとつの形成力に包まれています。私たちはいわばこのような仮説のもとに、あらゆる側面から考察し、現実世界の現象と照合していかなければなりません。

物質と同じく、形成諸力も星々の諸力と関連しています。ルドルフ・シュタイナーは、〈人間の形姿は十二獣帯の諸力によってつくり出された〉という直感的な認識は、まさに正しい認識であると言っています。そこからいくつか例を挙げるなら、牡牛座は額と頭を、双子座は対を成す肩と腕を、魚座は足を形づくっています（巻末の参考資料を参照のこと）。諸惑星は内蔵諸器官を形づくっています ― たとえば金星は腎臓を、水星は肺を。星々の諸力は、生物体に対しては直接的に働きかけるのではなく、エーテル体をとおして働きかけています。星々はエーテル的なものの内で形成力を刺激し、刺激された形成力は物質的に現象する形態を生み出します。しかし、エーテル的形成諸力の個々それぞれの認識はどうしたら得られるのでしょうか？

正しい答えを導き出すために、私たちは以下の事柄に注意を向けるべきでしょう。ルドルフ・シュタイナーは生前最後に行なった聖霊降臨祭の講演で、天空に拡がる蒼穹は宇宙エーテルの境界なのだと語っています。エーテルの世界、四つのエーテルの海は天界にまでとどいています。そして、エーテル界に包まれている四つのエーテルは四大元素を支えています。天空の果てには星々が輝いています。霊的諸存在の諸力、アストラル諸力が、蒼穹を超えて現象界の内に浸透してきます。アストラル諸力が星々の世界からエーテル界に働きかけてきたとき（あるいは〈発端〉の内に働きかけてきたとき）、アストラル諸力はエーテル界を刺激して、四つのエーテルから形成諸力をつくり出します。霊的存在の諸力、アストラル諸力は、四大の内に深く浸透し、それらの内に物質をつくり出します。ルドルフ・シュタイナーはこれらの諸力の全体を、星々の内に響き、星々をとおして響く、宇宙のことば（Welten-wort）と呼んでいます。彼は、この宇宙のことばの響きを一つひとつ探索し、人間のことばの響きと星々との結びつきを明らかにしたのです。子音は十二獣帯の諸力と結びついています。たとえば〈B（ベー）〉は乙女座と、〈M〉は水瓶座と結びついています。母音は諸惑星と関連しています。〈O〉は木星と、〈I（イー）〉は水星と関連しています。彼は同じく、楽音の世界と星々との関連についても言及しています。― 彼が創出したオイリュトミーは、それらのすべてを理解し得るもの、経験し得るものにしています。そうです。オイリュトミーは、私たちを形成諸力の世界へ導いてくれるものとなるでしょう。オイリュトミーの動作は、物質体をとおして可視化されたエーテル体の動きです。物質体は、オイリュトミー化された動作を動きつつ、エーテル体の内へといわば素早く潜り込み、エーテル体を追うのです。そう、オイリュトミーをとおして（また、ことばの芸術である言語造形や美術をとおしても）形成諸力の各々を捉えることが、そしてそれらを自然の内に再び見出すことが、今日では可能になっているのです。この認識なしには、未来の自然科学はもはや成立し得ないものとなるでしょう。未来の自然科学は、植物に見られるあらゆる形態、葉、萼（がく）、花☆、果実、等々においても、また、人間と動物の細部に到るまでのあらゆる形態、眼、皮膚、腎臓、等々においても、さらにはまた、水がつくり出す形態、うねる波、砕ける波、雫（しずく）、等々においても、形成諸力がどのように作用しているのかを理解するようになるでしょう（巻末の参考資料を参照のこと）。果実やグロメルルス（Glomerulus：腎臓内の特殊な毛細血管塊）や眼の形態生成の内には〈B〉の力が、葉や海（波）や胸（乳房‐ママ）の形態生成の内には〈M〉の力が働いています。これらの例は、形成諸力の個々それぞれを識別し、それら個々の働きを認識することが可能であることを示すための、ほんの一例にすぎません。

では、形成諸力はいくつあるのでしょうか？ この問いに関しては、今のところはこう答えることしかできません。現代の化学は ― ウラン以降に発見された元素を除いて ― およそ90の化学《元素》を識別しており、また、ことばと音楽のオイリュトミーの基本動作をすべて数えると、やはりほとんど同じ数になります。★

このように考えていけば、四大元素をその土台に置く物質の起源も、エーテル的形成諸力の起源も、ともに星々の世界にあることが明らかになります。私たちが思考によって分離しているものは、現実においては一体化し、たとえば人体やバラの内に現れます。自然界に現象しているものはみな、形態と物質を担っている統一体、形づくられた物質です（シェーマ‐次ページ）。エーテル的形成諸力は、いわば感覚界の内へと下降して、そこに形態を生み出します。エーテル的形成諸力の固有の領域では純粋に力であり動きであったものが、ここでは静止した形態になります。ノロジカの形姿やカタツムリの家の形態は、動から静へと到った形成力なのです。

エーテル的：　形成力
物質的：　形態　↓

物質界にもこれに相当する事象はあるのでしょうか？　つまり物質も、周辺諸力領域へ上昇していくのでしょうか？　上昇していきます！　物質は、星々の高みからやって来た凝縮です。だからこそ物質は、星々の高みへと再び上昇していくことができるのです。そして、そう、上昇していくその過程で、まさにプロセスになるのです。ルドルフ・シュタイナーは言っています。《私の目の前にあるこの金は、静止するに到った金プロセスなのです》と。この金プロセスは、天空に到るまでの宇宙空間を満たしています。しかしまた、私たちの肝臓も、静止するに到って物質的臓器となった肝臓プロセスなのです。肝臓プロセスは生体全体に、いやそれどころか宇宙全体に拡がっています。☆ このように、個々の物質実体は、静止しているプロセスとして認識されるべきなのです。

エーテル的：　プロセス ↑
物質的：　物質

物質と形態は、自然のなかでは一体となって現れます。そこで私は次のようなシェーマを書かなければなりません。

エーテル的：	形成力：	プロセス
物質的：	形態　：	物質

こうして私は、真の全体性を捉えます。四つ組のもの（形成力・形態・プロセス・物質）がある特定の全体へと統合されたものが、本来的・範疇的な意味において物質実体（Substanz）と呼

ばれ得るもの、たとえば金であり、アルニカ（Arnika：キク科ウサギギク属 — 薬用植物としても内用されている）であるのです。

このように考えることにも実際的な意味があるのでしょうか？ もちろん、あります！ 四つのエーテルと形成諸力との識別は不可欠です。両者を区別しなかったなら、アントロポゾフィーによる人間 - 世界認識も誤謬に陥ることになるでしょう。ギュンター・ヴァクスムートの《エーテル的形成諸力（Die ätherische Bildekräfte）》の第一巻は、形成諸力についてではなく、四つのエーテルについて書かれたものです。ルドルフ・シュタイナーは四つのエーテル（あるいはエーテル諸力）と形成諸力とを、つねに明確に、別のものとして扱っています。彼はたとえば、医師たちに向けて行なった最初の講座で、あれこれの特定の器官は個々のエーテルのための中枢であることを明らかにしています。肺は生命エーテルの中枢です。しかし肺の形態は生命エーテルによってではなく、いくつかの（少なくともひとつの母音とひとつの子音の）形成力の共動から成る、個別的な肺 - 形成力によって形づくられています。そう、彼が遺したこれらの示唆は、個々のエーテルと形成力とを識別することができて初めて、理解し得るものとなるのです。これは、ルドルフ・シュタイナーの講演と講座における他の箇所においても同じく言えることです。

ルドルフ・シュタイナーの医学講座講演録を手にした人は気づくでしょう。彼はある植物の治癒力について語るとき、その植物の物質的特性 — たとえば苦味物質、粘性物質、ある特定の塩、その他の化学物質、等々 — に、実に詳しく言及していることに。彼は植物の形態については多くを語っておらず、もっぱらその物性について語っています。なぜでしょうか？ 薬剤精製は〈物質―プロセス〉の対極性の内で行なわれます。☆ また、私が誰かを治療オイリュトミーをとおして治療しようとするとき、私はそれを、形成諸力の助けを借りてすることになるでしょう。つまり私は〈形成力―形態〉の対極性の内で治療行為をすることになるでしょう。形成諸力と四つのエーテルとを区別することは、農業にも豊かな稔りをもたらすことになるはずです。なぜなら、農地に対する一つひとつの働きかけは、〈物質―プロセス〉の対極性、もしくは〈形成力―形態〉の対極性の内に展開されることになるからです。

こう言うことができるでしょう。四大元素は物質の衣をまとってのみ現象し、四つのエーテルは形成力の衣をまとってのみ現象する、と。しかしだからといって、四大元素と四つのエーテルの一つひとつを個別的に取り扱うことには意味がない、ということにはなりません。熱力学、空気力学、流体力学などの物理学分野は、四大元素と四つのエーテルの一つひとつを個別的に取り扱っていますし、工学、医学、農業なども、四大元素を取り扱っています。―物理学はそもそも四大元素に関する科学なのであり、望むらくは近い将来、四つのエーテルに関する科学にもなり得る分野であるのです。化学も物質に関する知識領域ですが、生物に関する科学としての有機化学は、形成諸力と諸プロセスに関する知識領域となりました。形態とは、四つ組の原理（形成力・形態・プロセス・物質）の共働がひとつの総体として現象したものを指しています。

この四つの根本原理、形成力、形態、プロセス、物質のうちのどれかひとつが、自然のなかに個別に現れることはありません。感覚界のなかの形態と物質がそうであるように、プロセスと形成力は互いに結びついています。しかし認識行為にとっては、個々それぞれをはっきり識別することは不可欠の要件です。《個別における明晰さ、全体における深さは、現実性を獲得するために欠くことのできない二つの要件である》（ルドルフ・シュタイナー《ゲーテ自然科学著作集への序》より）地元素と水元素がテーマとなっているとき、金や石灰と地元素、ミルクやワインと水元素を混同してはならないように、四つのエーテルがテーマになっているとき、形成諸力について語るべきではありません。また、物質とプロセスが緊密に関連しているからといって、律動的な諸プロセス（Prozesse）などと言い出すべきでもないでしょう。ルドルフ・シュタイナーはこの表現を避け、律動的な諸事象（Vorgänge）について語っています。（稀なことですが、あるところで彼はこう言っています。— 律動的な諸プロセス、なぜならまさに、この事実が意味するものをことばによって厳密に識別するためには、私たちのことばはまだまだ不十分なものなのです）

人間、バラの葉、腎臓を前にしたとき、私はそれらを形成力、形態、物質、プロセスそれぞれの観点から考察することができます。観点が異なるごとに、私はそれらに何か異なるものを見ることになるでしょう。エーテル体あるいは形成諸力体について語るということは、同一のものを二つの観点から眺めるということです。だからこそ、次のように言うべきなのです。《思考は観察を、自然に即して導いていかなければならない》（ルドルフ・シュタイナー《ゲーテ自然科学著作集への序》より）形成力、形態、プロセス、物質の四つの観点は、アントロポゾフィーの精神科学的（霊的）自然 - 人間認識の根幹を成しています。この四つ組自体が、四大元素と同様、四つの基礎なのであり、四つの原 - 事実であるのです。

四つのエーテル

アントロポゾフィーの自然認識は、本質と現象の基本的観照にもとづくゲーテの自然認識に基礎を置いています。私たちは知覚と思考をとおして現実を経験します。諸感覚の知覚の内に現象がもたらされ、現象の本質は、まずは理念として把握されます。理念は、私たちの内では像的なものとして現れますが、自然のなかでは本質的な現実として現れます。本質の霊的現実を体験するには、イマギナツィオン (Imagination)、インスピラツィオン (Inspiration)、イントゥイツィオン (Intuition) の、高次の認識能力が必要になります。現実の内に理念を見出すことが科学の基礎を築きます。科学における理念の役割が正しく理解されなければなりません。

四大元素と三つの凝集状態も、こうした観点から考察されなければなりません。固体・液体・気体は、知覚によって識別され得る凝集状態ですが、地・水・空気・火は、きわめて多様なかたちで現象する理念です。たとえば水は、雨、血液、ワイン、ガソリンなどとして現れ、液体、湿り気、冷たさ、等々といった質（知覚）を示します。水は、これらの質の根底に存在する、ひとつの霊的実体です。

古代から知られている四大元素と、ルドルフ・シュタイナーが見出した四つのエーテルは、双方とも霊的実体であり、自然界におけるそれらの霊的現実は、イマギナツィオン（Imagination）をとおして経験されます。これら霊的実体の現れを現象界のなかに見出し認識することは、通常の対象的意識にも可能です。しかしそのためには、ゲーテの色彩論に示されている光の捉え方と同じような方法で、自然の諸現象が秩序づけられなければなりません。

ゲーテが光と見なした実体は、ルドルフ・シュタイナーが名づけた光エーテルと重なっています。★ルドルフ・シュタイナーによれば、光エーテルの他に、熱（温度）の現象、音あるいは化学の現象、生命の現象の根底にある三つのエーテル、熱－、音（あるいは化学）－、生命エーテルが存在しています。四つのエーテル個々の名称は、それらが見出された現象領域を示しています。これらのエーテルはそれぞれ個々に、あるいはともに作用します。個々の働きとしては物理的に作用し、共同の働きとしては生命の担い手となります。四つのエーテルの現象は、無機的なものの内にも、有機的なものの内にも見出されます。

ルドルフ・シュタイナーは、四つのエーテルは宇宙の進化過程のなかに生まれたということと、それらのあいだの相互関係を明らかにしています。

四つのエーテルは宇宙の進化過程のなかで、それぞれひとつの四大元素と対を成して生じました。熱エーテルと火、光と空気、音と水、生命エーテルと地、という順序で。つまり地球がたどってきた段階ごとに、四大と四つのエーテルとの新しい対が登場してきたのであり、だからまたこれらの対は、地球がたどってきた諸段階を特徴づけてもいるのです。★古土星紀は熱と火から成っていました。古太陽紀には光と空気が、古月紀には音と水が、そして地球紀には生命エーテルと地元素が加わりました。つまり今日の地球界は、四つのエーテルと四大元素から成っています。――いわゆる五感では捉えることのできない感覚下の実体、電気、磁気、核エネルギーについて述べるためには特別の観点が必要になります。これらについては、いずれ触れることになるでしょう。

　さてここに、四大元素と四つのエーテルの表象像を十分に得る、という課題が生じます。世界の諸現象を観察し、それらを四つのエーテルと四大元素の理念の現れとして、それらにふさわしい方法で認識していくという課題です。ルドルフ・シュタイナー自身は、四つのエーテルの現象についてそれ以上は語っておりません。とはいえ、彼が遺した基本的なことばを土台に置けば、四つのエーテルそれぞれを特徴づけていくことは可能です。

　彼が探索した事実内容にもとづけば、四大元素と四つのエーテルは、互いに対照的な関係にあると言うことができます。土星の熱は、二つの対照的な流れのなかへ向かいました。ひとつの流れは、空気、水、地へ向かって下降する流れ、もうひとつの流れは、光ー、音ー、生命エーテルへ向かって上昇する流れです。この二つのグループは、それぞれ全体としても、個々の対としても、ポジ（＋）とネガ（－）の関係のような、完全な対照性を示しています。この対照的な関係をひとつのシェーマにまとめれば次のようなものになるでしょう（次ページ）。四大にはプラス記号が付されています。

　四大現象の多くは学校の授業や実際の経験をとおして知られています。ではここで、ひとつの四大元素の周知の現象を取り上げて、それに対して相反する表象を描き出していきましょう。そして知覚世界のなかから、その表象にふさわしいエーテル現象を探し出していきましょう。しかしそのためには、私たちはまず、すでに身につけてしまっている今日の物理学的表象から自由になり、とらわれることなく、現象そのものを観察するようにしなければなりません。また、以下に述べるさまざまな観点を全体として考慮に入れると同時に、それらを互いに照合させていかなければなりません。そう、そうすれば、四つのエーテルの全体像が得られることになるでしょう。

	土星	太陽	月	地球
−	熱／火	光 -	音 -	生命エーテル
＋		空気	水	地

空気—光の対から始めましょう。私たちはいつも空気と光に包まれて生活しています。私たちは空気と光をどのように知覚しているでしょうか？ 空気は物と物とのあいだを満たしています。光は物の表面を照らしています。光は空気のように物と物とのあいだの空間にあるのではありません。光はあらゆる物に光と色の境界をまとわせ、すべてを互いに隔てます。空気は、たとえば部屋のなかの諸物体を結びつけます。光は諸物体を分離して、これとそれというように、それらを識別可能にします。私たちはどこにいても—たとえば部屋のなかにいても戸外にいても—私たちを取り囲んでいる四方の壁や青空などの、光と色の世界のなかにいます。光は、私たちをあらゆる側から完全に包み込む境界をつくり出します。私たちはそこから逃げ出すことはできません。光は、この内部空間のなかにさまざまな隔たりをつくり出し、ここ、そこ、前、後ろというように、さまざまな空間関係を生み出します。真っ暗な部屋のなかに明かりを点すようなとき、私たちはこのことをとりわけ強く体験します。一瞬にしてすべてが姿を現します。光はさまざまな物を隈なく照らし出し、境界をまとわせ、それらを識別可能にします。光は、それらの位置、それらの大きさ、それらの相互関係を明らかにし、すべてを光と色の世界のなかに組み込みます。陽が昇れば物が見えるようになり、同時に空間も拡がります。ゆらゆら揺れるロウソクの炎は、空間がどのように拡がり狭まるかを示します。近くを見るとき、あるいは遠くに目を向けるとき、私たちは光の器官である眼をとおして、同様のことを経験します。光は、囲う境界をつくり出すことによって空間を生み出します。光と空間を切り離すことはできません。光があるところには必ず空間があります。光は空間を能動的に生み出します。空間は光によってこそ現象するのです。

一方、空気は、空間に関して受動的です。空気が空間を満たすことができるのは、そこに空間があればこそのことです。空気はその中身であって、境界をつくり出すものではありません。さて、このように述べ得るためには、ある認識が前提となります。それは、空間は所与のものとして存在する器なのではなく、諸物体の隔たりによって現れる、ひとつの理念なのだという認識です。★光は、空間現象の根底にある根本条件であり実体です。なぜならそのような実体である光こそが、そこに識別の可能性を生み出しているからです。

空間に対する光と空気の互いに異なる関係は、次のようなことのなかにも現れます。空気そのものには方向性がありません。空気は非構成的で混沌としています。だからこそ、Chaos（混沌(カオス)）ということばから Gas（気体(ガス)）ということばが生まれたのです。一方、光は構成的です。方向性を持っており、光源から周囲へ向かって放射します。私たちの視線と同じように、光はどこまでも真っ直ぐ進みます。空気のもっとも特徴的な性質は流動性と弾性で、膨張・収縮が可能です。流動性と弾性の反対は硬性、そう、硬さです。光は硬く、硬いがゆえに分離可能です。空中に棒を振れば、空気は棒から瞬時に身をかわし、直後に再び融合します。一方、ロウソクの前に棒をかざせば、光は二つに分離され、そのまま真っ直ぐ進んでいきます。

空気の本質を表わす特性は張力です。わずかにでも張力が働いていない空気はありません。張力は、つながりを生み出し保ちつづける内的な力です。空気はどれほど薄められてもひとつにつながっています。一方、光は逆の現象を示します。すべてがいわば外的な作用、外面化を示します。ひとつの光源、たとえばロウソクの炎を見てみましょう。そこには内的なつながりは見られません。光は光源を捨て去り、周辺へ向かって進みつづけます。空気には張力の大小があり、光には強弱の差があります。空間は光が強ければ拡がり、弱ければ狭まります。光は空間を引き延ばし拡げるというこの事実は、生物界においては伸長する現象、容量を増す現象、つまり成長現象として現れます。空間に占める生物体の大きさは、その内部に作用している光エーテルの働きを表わしています。

張力の対極にあるのは圧力です。圧力は外から内へ向かいます。地球を包み込んでいる大気は、外側から地球を圧しています。〈圧する〉の反対は〈吸い込む〉です。すでに述べたように、四大と四つのエーテルとのあいだには対照的な関係があるのだから、光は吸い込むように作用するはずです。さて実際はどうでしょうか？　たしかに光は吸い込むように作用しています。だから私たちは、この吸い込む作用によって生じる諸現象に目を向けて、それらを認識していけばよいのです。私たちの周囲に拡がる風景は、私たちの視線を吸い寄せます ― 遠くにかすむ地平線や水平線はより強く。試みに、目を開けたまま何も見ないようにしてみましょう。いつもは周辺へ、物の表面へ吸い寄せられている視線を虚ろに保つのが、とても難しいことが分かるでしょう。今日、私たちの視覚は、眼のなかに差し込む光をもって説明されています。しかし光は、眼のなかに入り込みながら、私たちの意識を周辺へ、空間のなかへ連れ出しているのです。同じように、暗い地下貯蔵室に差し込む光は、ジャガイモの芽を明るい方へ向かわせます。光はヒマワリの花を太陽に向かわせ、太陽を追ってその向きを変えさせます。これは植物の向日性と呼ばれているものです。しかし植物界全体は、さらに向光性☆を示しています。私たちはこの向光性を正しく認識しなければなりません。— 空気は、あらゆる方向から求心的に地球を圧しています。一方、光エーテルは、地球周辺のあらゆる方向から、遠心的に吸い込むように作用しています。この作用は、植物の生長過程にそのまま現れています。植物はどこに生えていても、地球上から宇宙の周辺へ向かって生長していきます。地球の中心を挟んで向かい合う場所にそれぞれ一本のモミの木を描いて、両者が生長していく様子を思い描いてみましょう。その二本のモミの木は、空気の圧する作用ではなく、周辺へと吸い込む力の作用を示します。ルドルフ・シュタイナーは言っています。周辺へと吸い寄せるこの力の根底には光エーテルの作用がある、と。— 空気元素の張力と圧力は、内へ、中心点へ向かいます。一方、放射し吸い込む光、私たちをあらゆる側から完全に包み込む境界をつくり出している光は、光と周辺、光と天球との関連を示しています（49－50ページを参照のこと）。— そう、点は空気の本質にかかわる原理であり、周辺は光の本質にかかわる原理なのです。

まだまだ多くの現象を挙げることはできますが、ここで、これまでの考察結果を要約するなら、次のように述べることができるでしょう。

光エーテルは、放射するもの、明るく照らし出すもの、吸い込むものとして自らを現し、外側からは事物の空間的境界を現象させることによって、また内側からは、成長力として生物の空間的な大きさを生じさせることによって、すべてを目に見えるものにします。光エーテルは外と内とを分離します。このエーテルはすべてのものを、自らが生み出す周辺領域に関連づけます。光エーテルの作用を表わすための、簡にして要を得たことばが必要です。〈光エーテルは空間をつ

くり出す ― der Lichtäther raumt〉（空間＝Raum という名詞が動詞化されています）

水―音エーテルの対照的な対においては、水はどこまでも安定した連続体であるということを起点に置くことができるでしょう。連続の反対の性質、つまり音エーテルが有しているはずの性質は、不連続（diskret）、飛躍、分離です。― たとえば、雨粒の一つひとつがどのような道をたどるかを見てみましょう。雨粒は河川や湖沼へ流れ込み、最終的には海へ流れ着きます。そこには個々の雨粒はもはやなく、大量の水という、ひとつの全体があるだけです。ではこれに対して、交響曲のコンサートを取り上げてみましょう。交響曲は混じりけのない個々の楽音から成っています。それら楽音間の相違が聴き分けられなければ、その交響曲はそもそも音楽になりません。音楽は、一つひとつの楽音間の間隔（インターヴァル）が、同時に、また次々と生じることによってこそ成立します。音楽は、隔てる力、区別する力にもとづいています。しかしその際、分離されたものは、同時に、互いにかかわり合っているのです。

海へ流れ着くまでの雨粒の例を、もう一度見てみましょう。雨粒は集まって、ひとつの総体、ひとつの全体をつくり出します。河川が描かれている地図を見れば、いくつもの支流が出合い、合流しながら、一本の本流へ流れ込んでいく様子がとてもよく分かります。これと対照的なあり方をしているのは樹木です。樹木はみな、一本の幹から、枝へ、小枝へ、たくさんの葉へと分岐していきます。個々の葉のそれぞれは、さらにその先まで分岐していきます。樹木の全体は樹液から、つまり液状のものからつくり出されたものであるのに、樹木のなかを流れる液体は、通常の水の正反対の性質を示しています。なぜでしょうか？ 音エーテルが作用しているからです。

音エーテルは成長力に働きかけて均質性を分節し、分節され特殊化されたものの各々を別々に成長させていきます。一方、水元素は多数性を消し去って、単なる合計総体ではないひとつの全体、ひとつの量をつくり出します。音エーテルは分岐をつくり出して、そこに数と数比をもたらします。つまりそこには裂け目と間隔が生じて、掛け算、割り算、足し算、引き算が可能になります。数の本質は音エーテルをとおして現象します。ルドルフ・シュタイナーが音エーテルを数エーテルとも呼んでいるのは、このようなことによるのです。数は本質的に不連続です。――一つひとつの楽音は、不連続性をまったく持たない一元的なものとして聴き取られます。しかし、それら一つひとつの楽音の根底には不連続が、つまり二つの振動節が潜んでいます。両者間の隔たりの大小は音にとって本質的なものであり、その間隔が保たれていればこそ、楽音は一定に保たれます。ある数比の内にある二つの節は、音エーテルの働きの特徴的な現象です（巻末の参考資料〈音の節形成〉を参照のこと）。

dis-kret（分離）とkon-kret（融合）ということばは、それぞれ二つの異なる語根を持つにもかかわらず、融合成長と分離成長というように、基本的かつ対照的な関係にある現象に対する概念として用いることができます。たとえば、二滴の水銀をすぐそばに置けば、両者は互いに触れたかと思うと、一瞬のうちにひとつになります。二から一に融合します。これは水元素の根本現象であり、同時に生命の基本現象です。そこでは、受精時に生じるような二つの細胞の融合が実現します(Con-crescere = Zusammen-wachsen = 融合成長)。これと対照的な関係にある現象、分岐、分離は、音エーテルの働きによって生じます。これは無機物においては、たとえば楽音の節形成あるいはクラドニーの音響造形（ともに巻末の参考資料を参照のこと）に現れ、生物体においては――すでに述べたように――木々の樹冠形成、植物体の分岐に、細胞分裂において生じるような根源的な事実が拡大されて現れます。分裂しつつある細胞の分離成長には、音エーテルの働きが実に美しく現れます。細胞分裂においては、分裂の全過程がそこから生じ整えられる細胞核の中心体が、二つの節として、その発端に生じます。たとえば、発生学に述べられている細胞分裂の個々の段階を高速度撮影すれば、そこには、クラドニーの音響造形における形態生成とまったく同じ種類の事象が見られることになります（Dis-crescere ＝ Auseinander-wachsen ＝分離成長）。（これも巻末の参考資料を参照のこと）

生物すべての基礎事実である受精と細胞分裂は、水元素と音エーテルとの関係を示しています。この対照的な対の作用は、私たちの心のなかにも共感と反感として現れます。さらに両性の分離も、こうした存在領域にその根源を求めることができるでしょう。まさにすべての存在が、水と音の働きによって織り成されているのです。

物理的な領域においては、さらなる対照性が明らかになります。水は流動的です。水は、山間から谷間へと、いわば外的に流れているだけではありません。水は、どこまでも内的に流れています。水は、その内部で層を成して不断に滑り、その位置をずらしています。☆一方、音エーテルは、安定した支えを求める性質を示します。そう、音エーテルはそのために、節をつくり出し、それを手放すまいとするのです。――音エーテルは空気中で音として作用するだけではなく、いわば空気のきょうだいである水のなかでも作用しています。音エーテルは化学的活動性（化学反応）の担い手でもあることから、ルドルフ・シュタイナーはこのエーテルを、化学エーテルとも呼んでいます。物質はみな互いに、数の法則にもとづいて化学的にかかわり合っています。物質間の化学的な相互関係と化学的諸作用は、化学エーテルの現れです。H_2SO_4（硫酸）の溶解液のなかには、硫酸の数の法則性（H - 2、S - 1、O - 4）が響きわたっているかのようです。物質の構成要素は媒質（メディウム）のなかで点的に配置されていますが、それらは任意の点というのではなく、数によるつり合いを互いに保ち合う節として配置されています。それらの相互的なかかわり合いのかたちは、結晶のレントゲン写真や物質の構成要素模型にも見ることができます。そこにはいま述べた、安定したつり合いへと向かう化学エーテルの働きが現れています。結晶のなかの節は固定的ですが、溶解液のなかの節は流動的に揺れ動いています。

音と水はそれぞれの内で、能動の側と受動の側に両極化されています。音におけるこの両極性は、節と振動（周波）として現れます。ここでは、本質的な事象は節と節とのあいだに生じます。水における両極性は、波と振動に現れます。これはどういうことかといえば、たとえば池のなかに石を投げ入れれば、その落下点に次々と波が生じ、岸へ向かって拡がっていきます。そこにコルク栓が浮かんでいれば、それは波が静まるまで、ただ上下に踊りつづけます。これは、波が次々と水平方向へ移動していっても、水の粒子は上下に動きながら同じ場所にとどまっていることを示しています。ここでは本質的な事象は、波は物質的なものに対して外的なものでありつづけるがゆえに、物質的なものはそのまま変化せずにとどまるということです。とはいえ波の原理は、本来的に水の性質に属しています。これはたとえば、流れる水の蛇行現象にも現れています。波と振動とが結びついて、繰り返しの原理が生まれます。——私たちは、スケッチ風に描いてきた音と水の諸現象の内に、自然界における運動の理念を見出すことができるのです。

水にはもうひとつ、本質的な性質があります。水は密集しています。水には隙間がありません。これに対して音エーテルは《緩(ゆる)い》と言うことができます。音エーテルは緩めます。孔や隙間をつくり出します。音楽、化学機構は、間隔(インターヴァル)から成っています。本質的なものはあ・い・だ・の空間に存在しています。これは具体的には、もっぱら隙間から成る結晶格子に見ることができます。水は密集しており、量を持つのに対して、音エーテルは多孔性です。量は重さに関連しています。水は計測し得る重さを持ち、重さに尺度を与えます（ある一定温度における水1ccは1g）。一方、音エーテルは軽さを生み出します。ここでまたH_2SO_4（硫酸）溶液を取り上げましょう。これらの数（2・1・4）は本来、溶解物質諸成分の重さの関係を示すものです。しかしこれらの物質は、この溶液のなかで、まるで重さを持たないものであるかのように振る舞っています。このような溶液は均質です。つまり溶液の上部でも下部でも、物質粒子の数は同じです。ここでは重さは、物質に対して何ら影響を及ぼしておりません。重さは克服されています。これこそが化学エーテルの働きなのです。これは音においても同じです。ひとつの音がどれほどの重さなのかを問うことはできません。重さと軽さにかかわる事柄は水と音の領域にあるのであり、しばしば言われるように、空気と光の領域にあるのではありません★。

個々の音は、音エーテルの本質を完全には明かしません。音エーテルのあり方の全体は、むしろ化学的作用の内でよりよく認識されます。塩の溶液においては、塩は媒質全体にむらなく溶け込んでいます。むらなく溶け込ませ、一様になじませること、これはギリシア語では、調和させることを意味します。調和をもたらそうとすること、これは音エーテルの原‐本性です。古代の人間はこの原‐本性を、天球の和声の内に経験していました。調和をもたらすこと、構成すること、秩序づけることは、分離しているものを前提にしています。分離しているものが、ほどよい関係のなかにもたらされます。音エーテルのこのような働きは、たとえばクラドニーの音響造形、あるいはひとつの植物体の葉の（それぞれの発芽段階での）配列に表われています☆。

以上の記述をまとめるなら、音エーテルは原理的に、次のように特徴づけることができるでしょう。音エーテルは、分離させ、間隔をつくり出し、節を形成します。これは、重力に対する軽力（Leichte-kraft）であり、調和をもたらし、秩序づけつつ作用します。尺度、数、重さは、水と音の領域に由来します。

地元素と生命エーテルの対の場合には、両者の対照的な関係の考察が特に有効であることが分かります。生命エーテルは特殊な感覚領域には現れないので、最初のうちはもっとも捉えにくいエーテルです。生命エーテルは無機的なもののなかに直接的には見出せない力、本来的に生気を付与する力なのです。

地元素は三つの凝集状態のうちの固体の相に現れます。固体は硬い存在です。生命エーテルは反対に、内的活動性の原動力として作用します。この活動性は、運動からも、液体の流れからも区別されなければなりません。液体の流れの場合には、その液体のすべての成分が、集合体の総体（Gesamt）のなかで運動しています。生命エーテルの場合には、すべての構成要素が、ひとつのまとまりを成す全体（Ganze）の内で一元的に活動しています。

不浸透性は硬さと関連しています。つまり固体は自分だけの空間を確保しています。同一の空間を二つの固体が同時に占めることはできません。地元素は拒絶的であり、外に向かって自身を主張しています。生命エーテルは内部に浸透するものの力、自らを内部で主張し、内部を統合するものの力です。生命エーテルは拒絶せず、同化作用のための基礎を生み出すものと結びついています。これは次の事実に関連しています。固体は表面を持っています。それは固体の物質本性と結びついてはいますが、その形態は外的諸条件に由来する、偶然のものでしかありません。一方、生命エーテルは皮膚をつくり出します。皮膚は、物質あるいは外界にではなく、内的諸条件に由来しています。それは内なるものの表現なのです。

固体はすべて分割可能です。たとえば一本のチョークをいくつかに折れば、それらのあいだには何の関係もなくなります（これは音エーテルの場合の分離とは違います）。私は脚の骨を折ってしまうかもしれません。しかしそこには生命エーテルの力が、そう、生気を付与し治癒する力が向かって来ます。折れた骨は癒合して、再び一本の骨になります。生命エーテルは癒し、治して、ひとつの全体、健全な状態をもたらします。生命エーテルは補います。半分にされたミミズのそれぞれを補って、両者に再び全体をもたらします。草は手折られても、またそこから生長していきます。

地元素と生命エーテルは個別化します。どんな石もつねにひとつ、ひとつの部分です。分割可能であるがゆえに、個々のもの、部分でしかありません。生命エーテルも個々のものを生み出しますが、生み出された一つひとつは、同時に、それぞれひとつの全体です。個は一のなかのすべて、全にして一（all-ein）なるものです。それはその本質に由来する、二つとして同じもののない個体であり、部分（Teil）ではなく、全体と有機的につながっている構成要素（Glied）を持つものです。ひとつの全体としての生命は、そのすべての構成要素の内に、そのすべての構成要素によって保たれています。生命エーテルは全体性を生み出す原理です。全体性は健康な皮膚の内に――つまり、すべてに浸透する生命エーテルの力のいわば基地としての健康な皮膚の内に――自らを表現しています。この力は個々すべての点に働きかけており、そのすべての点は全体にもとづき生み出され、作用しています。ここに言うこの点は、生命を構成する要素としての有機的な点であって、単なる部分としての点ではありません。たとえば癌においては、ひとつの細胞が全体の支配を例外的に逃れて自立します。これが、癌における主要な問題です。

固体にとって、空間のなかでの状態は何ら意味のない偶然です。それは外部に依存しています。これに対して生命エーテルは、生物体の姿勢を保持し、内と外へ向かう能動的な空間形姿をつくり出します。生命エーテルは――たとえば受精卵に見られるように――極性（二つの極）をつくり出し、その間を調整します。生命エーテルは真っ直ぐ立つ人間の体をつくり出します。固体の形態は外界の要因によって条件づけられています。大理石は外側から削られます。一方、生命エーテルは、ひとつの全体をさまざまな空間方位へ細分化‐特殊化していくことによって、形態を内側からつくり出していきます。これは内側から自ずと生じる形態、全体を起点にして生じる形姿です。生物体の形姿はすべて、この形成的‐彫塑的な活動に由来しています。生命エーテルは生きた体を生み出し、地元素は物質体をつくり出します。

以上を要約すれば、生命エーテルは次のように特徴づけられます。生命エーテルは生気を付与し、個性化します。だからそこには、自身を皮膚の内に閉じ、自身を分節しつつ自身を自身の内に満たす、一元的な統一体としての全体性が現れます。〈生命エーテルは生きた体をつくり出す — der Lebensäther leibt〉（体＝Leib という名詞が動詞化されています）

空間の生成に関するアントロポゾフィー精神科学の認識は、四大とエーテルの理解へ向けて、さらなる可能性を提供しています。物理学者ヴァイツゼッカー C.F.Weizsäcker は、空間はかつて突然出現したと述べていますが、アントロポゾフィー精神科学は、それがいつ生じたのかを述べることができます。空間は古太陽紀に生じました。ここで私たちは、二つの異例の表象 — 空間進化の表象と、点空間・面空間という二つの空間理念の表象 — に慣れ親しんでいかなければなりません。近代の統合幾何学（射影幾何学）は、空間は無限遠平面によってひとつの全体に閉ざされている、と説いています。空間は無限遠を起点に考察することもできますし、中心点を起点に考察することもできるのです。前者においては面空間が、後者においては点空間が得られます。純粋に幾何学的‐観念的なこの二つの空間表象は、古太陽紀の空間生成において現実のものとなります。この二つの空間は空気と光の出現によって現象します。つまり、周辺世界に発する光によって面空間が、空気によって点空間が現れます。この二つの空間は互いに浸透し合っています。一方の始まりは他方の終わりです。一方をポジティヴ（＋）とすれば、他方はネガティヴ（－）

です。すでに述べた四大とエーテルの名称に関連させるなら、点空間はポジティヴ空間と、面空間はネガティヴ空間と名づけることができます（25ページの訳註も参照のこと）。

次元			
	－1 光	－2 音	－3 生命エーテル
	＋1 空気	＋2 水	＋3 地元素

もうひとつの異例の表象は、空間進化の表象です。空間も進化するのです。空間は、そもそもの始めから全面的に展開していたのではありません。しかし、全面的に展開した空間は三つの次元を持つことになりました。ルドルフ・シュタイナーは言っています。空間は、古太陽紀には一次元を、古月紀には二次元を、そして、私たちの地球紀になって初めて三次元を持つに到った、と。

さて、古太陽紀の空間が一次元であったということ、これはいったい何を意味しているのでしょうか？　かつてそこには一次元の諸実在のみが存在しており、そのようなあり方をしている諸実在によって、空間もまた一次元のものとして現れました。光と空気は古太陽紀に出現しました。光と空気は一次元の実在です。では一次元の特性とは何でしょうか？　直線的であることです。このことはすでに、光の持つ放射状 - 直線的な本性として示しました。一次元性の条件は、この次元のなかにある存在は自らに触れてはならない、ということです。光はこの条件を満たしています。ひとつの光源を取り上げましょう。光源は中心から周辺へ、放射状 - 直線的に、自己接触しない光を放ちます。この条件は平行に進むことによっても、以下に述べるような特性によっても満たされます（図 - 次ページ）。この特性は植物に見られます。植物は、その空間的生長法則にもとづく一次元の存在です。植物は自分に触れることがありません。キンポウゲあるいはリンゴの木を観察しましょう。けっして自身に触れていないことが分かります。植物はこの条件を厳守しています。植物はその存在に準拠して一次元的です。植物は周辺へ向かいますが、そのことによって、光エーテルの働きかけを明らかにしています。――麦畑を思い浮かべてみましょう。

多くの茎が大地から周辺へ向かい放射状に伸びています。菩提樹の前に立ちましょう。菩提樹は直線的・放射状に伸びてはいかずに分枝しますが、やはり一次元性を保ちながら大地から周辺へ向かっています。枝を大きく拡げた菩提樹の姿には、そこに働きかけてきた光エーテルの作用が現れています。そう、その樹冠の分枝には、生物体内における光の分離する性質が現れています。

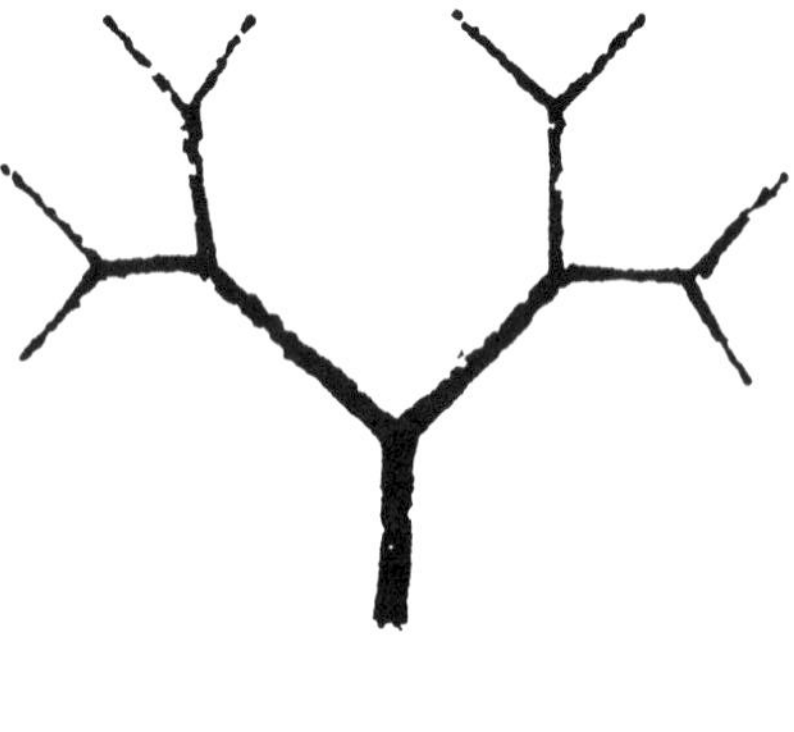

空気の一次元性は、張力現象の背後に求めることができます。張力は、互いに重なり一次元的に作用している、二つの実体（の力）のつながりです（たとえば一本の綱をぴんと張れば、そこには引く力と引き戻す力が、綱に沿う直線上に重なります）。生物体の内では、空気元素は弾性を持つものとして作用します。弾性なしには葉柄も茎も存在し得ません。— 光と空気は、植物を植物ならしめる基本的な原理です。植物は本来的に一次元の存在です。

古月紀には、空間は二次元的に現れます。なぜなら、古月紀に現れた水と音エーテルが二次元的であるからです。二次元を構成するのは面です。水はその本質にもとづいて、どこまでも面なのです。水は外へ向けてその表面を見せていますが、同時に、その内部でも純粋に面なのです。水の流れは、その内部においても面を成しつつ滑っています。水滴も本質的に、構造を決定する中心を持たない面的なあり方をしています。— 音エーテルの二次元性は、対を成す節に求めることができます。次のように考えていくなら、この節は任意の点なのではなく、そこにその空間法則が現れる共役点、互いに入れ替わり得る二つの点であることが分かります。物を映し出すこと、これは水面が持つひとつの特性です。鏡の前に何らかの物があれば、それは、鏡の向こう側の等距離の位置に像として映し出されます。鏡面は現実のものですが、ここで反対に、物とその鏡像を現実のもの、鏡面を非現実のものとしてみましょう。するとここに、二つの節の法則が明らかになります。この二つの節は、真ん中にある非現実の面から等距離の位置にあり、その面によって互いに結びつけられています。— 以上はシンメトリーの本質、鏡像の本質です。シンメトリーは、生物体におけるひとつの根本現象です。対を成す配置、左と右は、音エーテルの働きです。――一枚の葉は、水と音の二次元的活動を実にみごとに示しています。葉の平面性は水に、そのシンメトリーは音に由来しています。葉脈のなかには水が流れ、その網目状の分岐点では化学事象が生じています。

この二次元性はもうひとつ別のかたちでも実現します。そう、ひとつの全体（統一体）を成すものが自分自身に触れるとき、つまり自己接触することによって、たとえば一本の線が円に閉じたり交差したりするときに実現します。花の蜜を吸っているミツバチを見てみましょう。ミツバチは背中の花粉を自分の肢（あし）で拭っています。あるいは顔を洗っているネコは、舌で前肢を舐めています。動物は自分自身に触れるだけでなく、餌を食べるときには餌に、歩くときには地面にというように、他のものにも触れています。――私たちは以下のことを正しく識別していかなければなりません。接触とはひとつの中間段階です。この状態には、二つの方向に展開していく可能性があります。融合する可能性と再び離れる可能性です。すでに述べたように、前者は水の働き、後者は音エーテルの働きです。

動物の成長を、まず水元素の観点から考察してみましょう。水は面を形成します。受精卵は胞胚（ほうはい）へと、つまり中空の球形へと成長していきます。次いで胞胚が内側へ折り返していき（陥入していき）、嚢胚（のうはい）になります。諸器官が発生するときには、面としての外胚葉と内胚葉はつねに新たに、内側への折り返しと外側への折り返しを展開します。つまり動物は、どこまでも完全な面なのです。さて、次の事象を見てみましょう。外胚葉が陥入していき、神経溝が形成されます。

次いで外胚葉の襞（ひだ）どうしが接触し、癒合するに到ります。こうして脊髄が生じます。他の多くの場所でも同様に、身体各部が接触し、癒合します。身体全体は前方の正中線で癒合します。このプロセスが正しく完遂されないと、たとえば口唇裂が残ります。癒合は水元素の働きです。しかし、動物体の内部で接触している面（たとえば臓側胸膜＝肺胸膜と壁側胸膜など）のすべてが癒合し、ひとつの大きな塊が生じるということにはなりません。そう、そこには、音エーテルの分離する力が、そうならないように働きかけているからです。音エーテルは、動物体の諸器官・諸組織を個々別々のものとして分離し、保持しています。動物体の基本的な形態‐形姿、左右対称を成す身体形成は、音エーテルによるものです。右と左も、動物が何かに触れるための前提条件です。この接触には、水の融合する力ではなく、音エーテルの分離する力が働いています。接触は一時的な停止点であるにすぎず、それはまた離れます。接触と分離は繰り返されます。つまりそこには数え得るものが浸透しています。動物の運動は、触れることと離れることによって可能になります。たとえば、雪のなかに点々とつづく野ウサギの足跡はそのことを示しています。触れることと離れることは、たとえば楽器の演奏すべてに見ることのできる、音の発生のための基本条件でもあります。音と水は動物にとっての基本的な要素です。動物はその形態‐形姿をつくりだす法則にもとづいて、二次元的な存在なのです。

地元素と生命エーテルは全空間的に作用しています。つまり両者は三次元的です。石の場合には、ポジティヴな三次元性がその硬さを生じさせています。三つの次元が硬さの中に隠れていたかのようです。三つの次元は等価であり、それぞれ互いに無関心です。それらは外側からのみ、何の必然性もなく偶然に決定されます。三つの次元、X'、Y'、Z軸は、石の内部の任意の点に置くことができます。石の内部のすべての点は、それぞれ互いに等価です。石が小さく砕かれても、それらの内部のどの点も、その他の点に何の影響も及ぼしません。砕かれて小さくなった石はみな、それらの内部に新たな中心点を持つことになっただけです。――生物体における中心点は、たとえば細胞核として実質的です。これが細胞と水滴との違いです。細胞核は地元素を代表するものとして、ひとつの現実的な中心です。水滴は実質的な中心を持ちません。分裂した細胞核は単なる部分になるのではなく、生命エーテルの力によって、ひとつの新たな全体になります。この力は周辺から、細胞膜から作用します。――細胞の内、生物体の内では、三つの次元は等価ではありません。生命エーテルが三つの次元を区分して（特殊化して）、細胞と生物体を周辺世界に順応させているからです。こうして、上下、左右、前後の方向が成立します。これは人間において初めて、完全に実現されます。人間は実質的に三次元の存在です。人間は、頭部、胸部、腰部に、三重の中心を持っています。この三つの中心は、人間が真っ直ぐ立ったとき、真に人間的な配列に並びます。すでに述べたように、地元素においては所与の状態を、生命エーテルにおいては空間との能動的な結びつき（空間に対する能動的な振る舞い）を、特徴的なものとして挙げることができます。そして、まさにこのことが、真っ直ぐ立つ人間において実現されているのであり、このようなあり方をしている人間こそが、空間全体を性格づけているのです。真っ直ぐ立つ人間の身体は、まさに、空間方位の源泉であるのです。上下、遠近、前後が、真っ直ぐ立つ人間を起点に決定されています。たとえば〈家の前に一本の木が立っている〉という言い方の内には、真っ直ぐ立つ人間の体験が潜んでいます。あらゆる事物が、真っ直ぐ立つ人間に関連づけて語られます。すべてを交換可能なものと見なす相対的な考え方は、人間（や他の生物）を視野の外へ追いやることによってのみ可能になります。― 生命エーテルは、他のどのような動物においてよりも、人間においてこそ明らかに観察されます。そう、たとえばその皮膚において。人間だけが本来的な意味での皮膚を身につけています。他の動物が身につけているのは、毛皮、羽毛、鱗、甲殻です。健康な人間の皮膚は可塑的に、しなやかに、身体形姿を外側から包み込んで、ひとつの統一体を形成しています。そして同時に、それをもって、内なるものすべての表現になり得ています。人間だけが生まれたままの肌色（Inkarnat）を持っています。― 地元素と生命エーテルは、人間にとって根本的なものです。人間は、真に三次元の存在です。したがって次のように言うことができるでしょう。人間は個体（Individuum）であるだけではありません。その体は、その内で人間が個我（Individualität）として生きるための基礎を成しているのです。

質料へ向けての問いが、四大・エーテル認識への新たな観点を生み出します。ルドルフ・シュタイナーは《ゲーテ自然科学著作集への序》のなかで、《質料とは空間を満たしているものであり》、それはそのようなものとして、現象界のなかのひとつの現象である、と述べています。質料と空間は互いに規定し合っています。一方が存在しなければ他方も存在し得ません。空間は、地球の宇宙的進化史における古太陽紀に初めて現れました。したがって質料について語ることができるのも、古太陽紀からということになります。最初に登場した質料実体は光と空気です。アントロポゾフィーの精神科学は、あらゆる物質は凝縮した光である、としています。さて、光と空気は互いにネガ（－）とポジ（＋）の関係においてかかわっていることを考え合わせるなら、ポジティヴな質料とネガティヴな質料が存在していなければならないことになります。ルドルフ・シュタイナーはこの事実を幾重にも重ねて指摘しています。まず最初に、ネガティヴな質料に関する表象が得られなければなりません。このことに関して基本となるのは、エーテルは能動の側にあり、四大は受動の側にあるという、両者の関係の認識です（たとえばすでに述べた、地元素と生命エーテルとの関係を参照のこと）。ネガティヴな質料とは活動的な相にある質料です。このことから私たちは、ルドルフ・シュタイナーが何度も重ねて述べている、プロセスと物質に関する表象を得ることができます。たとえば珪素と珪素プロセス、金と金プロセスを区別することができます。四大とエーテルの特徴をすべて集めて、それらをポジティヴ・ネガティヴな質料という観点から考察していけば ― もちろんそこでは詳しい描写が求められますが ― 物質とプロセスに関する問題も理解されることになるでしょう。

これまでの記述においては、それが宇宙的進化の原初に生じたものであるにもかかわらず、**火元素―熱エーテル**の対が触れられずにきました。ここまで来て、ようやくこの対に触れることができるようになりました。それというのもこの対は、これまで述べてきた他の三つの対とは本質的に異なっているからです。

熱は非空間的、ゼロ次元的です。古土星紀は、熱―火のみから成っています。ルドルフ・シュタイナーのことばによれば、熱は《内包的な (intensiv) 運動》です。この反対は、空間を前提としなければ生じ得ない外延的な (extensiv) 運動で、これは古太陽紀になって初めて現れます（空間は古太陽紀に生じました）。熱と火は、古土星紀においても分離されてはいませんでした。両者はひとつの流動的なまとまりを成していたのです。なぜなら、両者の区別が可能になるのは、やはり空間の存在が前提になるからです（前掲のシェーマにおいても、熱と火は一緒に置かれています。熱と火はひとつのまとまりを成しているという事実から、私たちの地球紀には八つのではなく、三つの元素と三つのエーテル、そしてそのあいだに熱を加えた、七つの存在領域があるということが明らかになります）。

熱―火はどのようなかたちで存在するのでしょうか？ 時間として！ 古土星紀には時間が生じました。熱が時間を現象させたのです。とはいえ、熱―火を区別しようと試みることはできます。火元素の特徴は知覚世界から消えていくということです。他の元素は存在しつづけますが、熱は消えていきます。― 熱エーテルは現象界に働きかけて、生み出し、成長させ、成熟させます。植物が決まった時期に花を咲かせ、子どもの歯が七歳で生え替わり、十四歳で思春期を迎えること…、これらはみな熱エーテルの働きによります。熱エーテルは生まれていく時間、火は消えていく時間です。両者は未来と過去のように、現在という時点で互いに浸透しています。〈熱は時間と時間の流れをつくり出す ― Wärme zeitigt, zeitet〉（時間＝Zeit という名詞が動詞化されています）古土星紀の熱の内には、質料は存在していませんでした。なぜなら質料には空間が必要だからです。とはいえそこには、すでに珪素と金☆はあったのです。熱の相にある物質性は、物質実体としての質料とは異なります。

四大と四つのエーテルを全体として認識するためには、もうひとつの観点、両者の生成の場つまり起源を知らなければなりません。両者の特徴的な傾向は、光と空気について述べたときにすでに示されています。空気は中心へ、光は周辺へ向かいます。ルドルフ・シュタイナーは述べています。元素はすべて中心へ向かう傾向を持ち、エーテルはすべて周辺へ向かう傾向を持つ、と。前者は中心から、後者は周辺から作用しています。現実の世界においては、地球の中心が四大の中枢であり、宇宙の外延、天球が、四つのエーテルの周辺的起源です。ルドルフ・シュタイナーは、前者を中心諸力と、後者を宇宙諸力と呼んでいます。中心諸力は数学的に理解し得るもの、ひとつの点に起因するものです。しかし数学は宇宙諸力を捉えることができません。なぜなら、無限遠においては数式が成り立たないからです。今日の科学は中心諸力とは馴染みが深く、それをテクノロジーの分野で利用していますが、宇宙諸力を知らず、それゆえ生命を理解することができません。宇宙諸力を見出し描写したことは、ルドルフ・シュタイナーのもっとも重要な業績のひとつ、将来、より重要な意味を持つことになるであろう業績のひとつです。──四大元素は物質的なものを、四つのエーテルはエーテル的なものを代表しています。物質的なものは生命を持たないもの、エーテル的なものは生命を持つものです。生物体の内では四大と四つのエーテルのすべてが共働しています。四大と四つのエーテルは、個々単独では無機的‐物質的に作用しますが、生物体の内では、四大は物質体を、四つのエーテルはエーテル体を構成します。四大と四つのエーテルは、宇宙においては地球の体と宇宙の体を、生命を有する有機体として構成しています。地球上の生命は、エーテル体と物質体の相互的浸透によって保たれています。両者のつながりが断たれてしまえば、生命はその時点で消滅し、物質体は地球の一構成部分へと分解してしまいます。同じようにエーテル体も溶解し、宇宙の周辺へと溶け込んでいってしまいます。

宇宙の拡がりのなかにあるエーテルの世界は、地球上にひとつの重要な事象をもたらします。地球物質は四つのエーテルに捉えられ、中心諸力の作用領域から解き放たれて、宇宙的外延領域へ向かうよう促されます。しかしそれは地球物質にとっては、ひとつの溶解プロセスなのです。このことに関してルドルフ・シュタイナーは次のように述べています。

《エーテル諸力は、地球の中心へ向かってあらゆる方位から働きかけています。エーテル諸力が作用しているこの空間に、その溶解プロセスを抑制する地球外天体からの作用が混じっていなかったなら、地球上の物質はエーテル諸力によって完全に溶解され、無定形にされてしまうでしょう》

彼のこのことばは、一見、検証不可能であるように思われます。しかし彼はこの後すぐに、この関連はどのようなところで観察し得るかをも示唆しています。

《問題になっている事柄は植物界に観察することができます。地球物質は植物の内で地球作用の領域から解き放たれ、無定形へ向かいます。無定形へ向かうこの移行を、太陽の作用と宇宙空間からの同様の作用が抑制します》（《精神学の認識にもとづく治療技術拡張のための基礎 — Grundlegendes zur Erweiterung der Heilkunst nach geisteswissenschaftlichen Erkenntnissen》）

例として、地下室に貯蔵されているジャガイモの発芽を観察してみましょう。その芽はジャガイモ（の質料）をしぼませながら、どんどん伸びていきます。そして、太陽の力が強く作用している光のなかに入り込むと、そこでその生長は停滞し、葉が現れます。では今度は、豆の発芽を観察してみましょう。豆の芽は種皮を破り、その無定形な姿を現します。そしてそれは、形成諸力によって新たに形づくられていきます。私たちはこうしたことを、よく観察していかなければなりません。

宇宙諸力としてのエーテル諸力は、形態を溶解する（無定形にする）諸力なのであって、形態をつくり出す諸力ではありません。それらは形成諸力ではありません。ルドルフ・シュタイナーは右に引用した箇所で、エーテル的形成諸力と呼び得るものは何か、またそれらはどこに由来するのかについても述べています。たしかに、エーテル的形成諸力も周辺諸力ではあります。しかしそれらは、全宇宙的・一般的な力なのではなく、宇宙周辺の特定の方位からやって来る諸力、太陽から、星々からやって来る、特定の周辺諸力であるのです。それらの力がどのようなあり方をしているのか、それらの力はどのように現れるのかということに関しては、今後のさらなる研究活動において明らかにされていくべきでしょう。

これまで述べてきたことは、四つのエーテルを概括したものであるにすぎません。これらはさらに、さまざまな観点から明らかにされていかなければなりません。四つのエーテルを正しく表象し始めた者は、単なる知識ではなく、自然と人間における多くの新たな認識とその関連を明らかにするための鍵を手にします。その新たな表象を携え、自然界に足を踏み入れて、たとえば一本の菩提樹の前に立ちましょう。空間に占めるその大きな姿は光エーテルの働きであり現れです。樹冠の精妙な分枝とその秩序は音エーテルの現れです。無数の葉、枝、根の全体性の内には生命エーテルの作用が潜んでいます。樹齢70歳の木に今なお花が咲くのは、熱エーテルの働きです。このようなことは、動物や人間においても同じように観察することができます。

四つのエーテルの働き ― 感覚界に時間を生み出し、空間をつくり出し、分離しているものを結びつけてひとつにする働き ― を明らかにしていけるなら、自然界全体を新しいやり方で観察し、認識していくことができるのです。

四つのエーテルの共働

古代ギリシアの世界 - 人間認識においては、四大は下から上へ、つまり地元素から火へ向かう開いた配列を示しています。しかし円や方形に閉じた配列もあり、多くの問いを投げかけています。そこでは、それぞれ二つの元素が対角線上に向かい合い、方形の四つの角をつくっています。火が右下に、空気が左下に置かれています。水と地はそれぞれ左上と右上です。しかし、火が下で地が上なのはなぜなのでしょうか？ 時計回りにたどっても、その反対にたどっても、地と火とのあいだには理解しがたい飛躍があります。この配列に、何か根拠はあるのでしょうか？

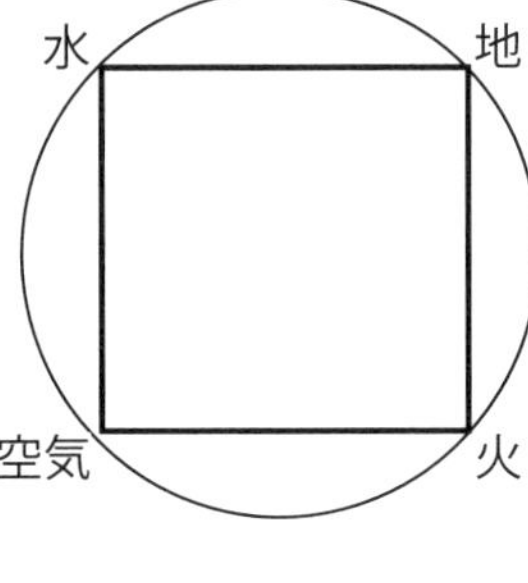

現代の人間はこの配置を容易には理解できません。現代の人間にとっては、四大は未知のものであるか、せいぜい歴史上の概念でしかありません。しかし古代の人間は、四大を頭のなかだけで

知っていたのではなく、感じ取り、体験していたのです。ルドルフ・シュタイナーは、アリストテレスがアレキサンダーに四大元素をどのように教示したのかについて述べています。アリストテレスは彼の著作のなかで四大元素を詳しく描写しています。そして、それらが世界や人間とどのようにかかわっているかを論じています。

《アレキサンダーはアリストテレスを通じて学びました。地-、水-、空気-、火元素として外界にあるものが人間の内にも宿っていることを、人間はこの関連において真に小宇宙であることを、そして、人間の内、その骨の内には地元素が、その血液循環と体液の内には水元素が宿っており、呼吸と息づかいの内に宿る空気は発話の場に働きかけていることを、そしてまた、思考の内には火元素が宿っていることを。アレキサンダーは、自分が世界の四大元素の内に生きていることを知っていました★》

今日、このような体験は失われてしまいました。現代の人間は世界からの隔たりを感じています。もはや人間は、自分がいる地域の質的特性を感じ取ってはおりません。もちろん、北へ旅すれば寒さを、南へ向かえば暖かさを感じはしますが…。しかし古代の人間は、西や東へ向かうときにも、何かこれと似たようなことを身体の内に体験していました。東へ向かえば乾きを、西へ向かえば湿り気が次第に増してくるのを感じました。東西南北それぞれの方位に、それぞれ異なる質的特性を知覚していました。それらは四大そのものではありませんが、必然的-法則的に、四大と関連しています。四大を体験することができたなら、それはやはり、それらに似たものであるでしょう。しかしそれらは、湿り気とか寒さとかの感覚的‐身体的な体験ではなく、魂が感じ取る内的な体験であるでしょう。古代の人間は、北の方角の〈寒〉と西の方角の〈湿〉とのあいだの北西の方角から、水元素の本質として内的に知覚し得る諸力がやって来るのを感じ取っていました。とはいえこうしたことを感じ取る能力は、古代ギリシアの時代に失われてしまいます。しかしアレキサンダーはアリストテレスの教えを通じて、四大をこのような相において体験することができていたのです。ルドルフ・シュタイナーは同じ関連でこう述べています。

《こんなふうだったのです。アリストテレスの学徒であったアレキサンダーは、北西の方角を指して言いました。この方角に水の聖霊たちが活動しているのを感じる、と。また南西の方角を指して、この方角には空気の聖霊たちを感じる、と。彼は、北東の方角からは地の聖霊たちが、南東つまりインドの方角からは火の聖霊たちが漂ってくるのを観たのであり、あるいはその内に、火の元素を観たのです》

この四大経験が、四つの方角からの〈寒・暖・乾・湿〉とともにもたらされ、半直角ずれて重なる二つの十字形が成立しました（シェーマ‐次ページ）。この配置は、思弁にではなく経験にもとづいています。地平線へと拡がる世界を観察し探索していけば、この配列は私たちに、自然の実相とその法則性を取り戻させてくれるでしょう。この法則性が見出されたとき、それは四つの方位には結びつけられていませんでした。この法則性の認識は、古代ギリシアと中世において、その包括的な稔りをもたらしたのです。

このいきいきした経験は、アレキサンダーの時代を経てまもなくすると失われていくことになりましたが、二重の十字形のシェーマは残り、中世から近世に到るまでの、特に治療技術における人間 - 自然認識の根幹を成していました。しかし人々は、水の本質や四大の本質についてはも

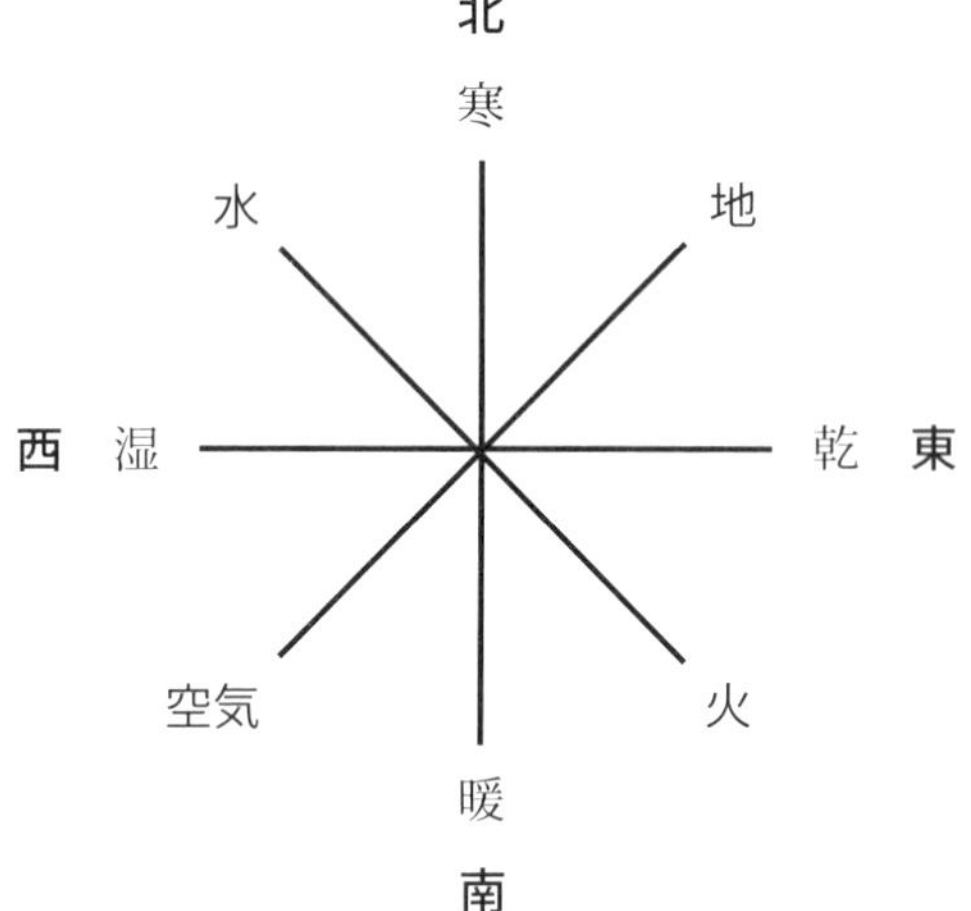

はや語らず、さまざまな質（Qualität）について語るようになり、四大元素を第一の質と呼び、寒・暖などを第二の質と呼ぶようになりました。このような学説は中世の時代に拡張され、第二の質においては等級が設けられて、たとえばバラは〈寒 - 第一位、乾 - 第二位〉などとされることになりました。★そして、このような観点にもとづいた治療薬が研究され、使用されるようにもなったのですが、この等級づけによる分類も度を越したものとなり、またまったく新しい考え方が登場したこともあって、四大の学説も質の学説も、科学的分野から次第に消えていくことになったのです。しかし事柄の根底にある事実は、自然からも人間からも消えてしまうことはありませんでした。それらはただ、新たな相において捉え直されなければならないだけなのです。それらを身体に感じつつ体験し、霊的実体として認知することが、今日の人間にはもはやできなくなっています。今日の人間に残されているのは知覚と思考の能力です。だから人はこう言います。四大元素、つまり第一の質は理念なのであり、第二の質は知覚の内容なのだ、と。

四大元素は感覚で捉えることはできません。四大元素は四つの〈第二の質〉をとおして感覚界に現象します。第二の質の各々は、それを挟んでいる二つの四大元素の共働による現象です。たとえば〈湿〉においては、水元素と空気元素の共働が感覚界に現れます。他の元素間の関係はシエーマからおのずと明らかになるでしょう。

すでに述べたように、四大と四つのエーテルは、地球がたどってきたそれぞれの段階に、一対ずつ新たに生まれました。さてこのことから次の問いが生じます。四つのエーテルも同じように環状に、つまり十字形に並べることができるのでしょうか？

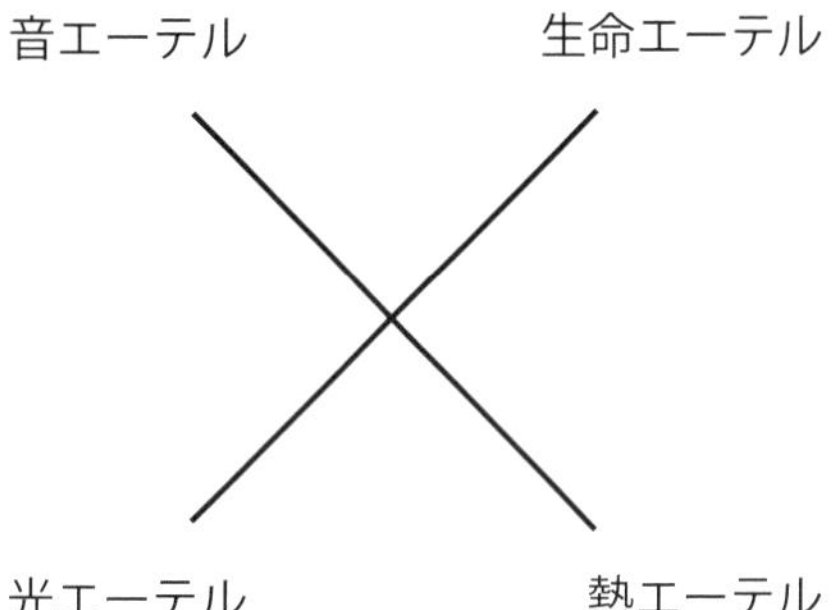

四大と同様、四つのエーテルも理念です。では、それらがともにする働きは、知覚世界のなかにどのようなかたちで現れるのでしょうか？ 古代ギリシアの時代には、ただひとつの未分化なエーテルしか知られていませんでした。したがって、このような問いが生じるはずもありませんでしたし、当然、それに対する答えもあり得ませんでした。しかし現代の私たちは、その答えを思考の道に求めて、生物界に生起するさまざまな現象を見出していかなければなりません。

熱エーテルと光エーテルとの共働はどのような現象として知覚されるのでしょうか？ 光エーテルは拡がりへ向かう力、空間をつくり出す力です。熱エーテルは成熟していく時間、近づいてくる時間です（時間は、燃える火と消えていく熱とともに作用します）。この二つのエーテルの共働は理論的に、ある時間間隔（eine Zeit- spanne）における空間生成として特徴づけることができます。地中から発芽する夏小麦を見てみましょう。四週間後には、拡げた手の親指と小指との間隔（eine Spanne）ほどの長さになるでしょうし、それから六週間も経てば生長しきってしまうでしょう。この二つのエーテルの共働によって何が見えるようになったのでしょうか？ 小麦の生長、植物の丈（たけ）あるいは大きさです。

光エーテルと音エーテルとの共働からは何が現象するでしょうか？ 光エーテルは空間をつくり出します。音エーテル（化学エーテル）は、クラドニーの音響造形☆に見られるように、分節し、秩序づけます（巻末の参考資料を参照のこと）。植物はただ直線的に生長して茎になるのではなく、葉、枝、花、果実へ向かいます。一本のキンポウゲあるいはトマトを思い浮かべましょう。豊かに分節された空間形姿が現れます。光エーテルと音エーテルは空間分節を現象させます。そう、そこには節が生じます。節は、ひとつのまとまりを成す空間中に生じた、分節（分離）と秩序（配列）です。音楽の分野においても節について語ることができます。そこでの分節現象はより時間的な性格を有していますが、音がひとたび鳴り響けば、やはりそれは空間節☆を形成します（巻末の参考資料、〈音の節形成〉を参照のこと）。

音エーテルと生命エーテルとの共働からは何が現象するでしょうか？　生命エーテルは全体性をつくり出す力、皮膚の内側に存在する生命力です。――この内なる力は、音エーテル（化学エーテル）によって内的に分節され、秩序づけられます。そこには、部分でもあり全体でもある諸器官、肝臓、肺、腎臓などがつくり出されます。それらもやはり、それぞれが一種の皮膚で包まれており、それらの内では、それぞれに独自な化学機構、特殊な生がいとなまれています。

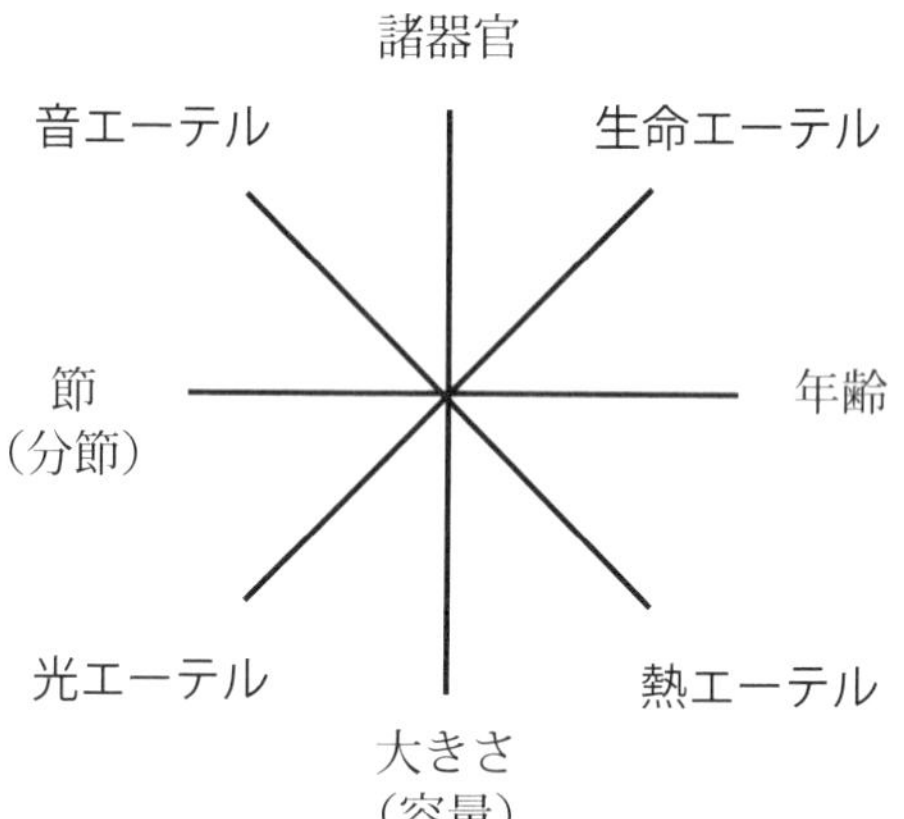

生命エーテルと熱エーテルとの共働はどのような現象を生み出すのでしょうか？ 時間のなかの全体性、年齢です。70歳の人間におけるその全体性は、熱エーテルによって、70年のあいだ時間のなかに保持されてきました。熱は、70年にわって絶えることなく、彼の内に生まれては消えていきました。

私たちはまた、次のように問うこともできます。互いに向かい合っているエーテルの共働からは何が生み出され、どのように現象するのでしょうか？ **熱エーテルと音エーテル**（化学エーテル）からは豊かな化学機構が生じます。たとえばサクランボの青い実が、つややかに熟した甘い実になります。あるいは、生まれたときからあった私たち人間の性細胞は、思春期になると分裂し始め、性ホルモンも活発に分泌するようになります。熱エーテルと化学エーテルとの共働によって生じるこのような化学的事象を、私たちは―すでに述べたように―プロセスと呼ぶことができます。

光エーテルと生命エーテルとのあいだには、成長しつつメタモルフォーゼ（変容）していく全体性が現れます。これは、形態‐形姿の変化を意味します。小さく生まれた人間が成人の大きさにまで成長していきます。あるいはオタマジャクシは、卵の段階から次々と変容していきカエルになります。私たちはこの変容を、形態生成あるいは形成と呼ぶことができます。

エーテルの対の共働に関するこの観察と考察は、そこではそれぞれ二つのエーテルが共働しているだけではなく、現実的には四つのエーテルのすべてが考え得るあらゆる組み合わせのもとに共働している、という認識をもたらします。これはまさに、カエルの成長にはっきり見て取ることができるでしょう。カエルの形姿が、化学プロセス、分節をともなう成長、諸器官の形成とともにつくり出されていきます。

こうして私たちは生命の土台を見出します。私たちは四つのエーテルの働きを、植物、動物、人間の生命現象において特徴づけました。四つのエーテルはその四重の共働の内に、真の生命諸力を生み出します。

エーテルに関する私たちのこの観察と考察は、アントロポゾフィー精神科学のさまざまな研究のもとになされたものです。四つのエーテルはあらゆる生物の内で共働しています。ルドルフ・シュタイナーは、四つのエーテルから成るエーテル体は生物すべての生命原理である、と語っています。しかしこれまで述べてきたものは、エーテル体の全体像ではありません。エーテル体の内で一般的に（generell）作用している生命諸力を特徴づけたにすぎません。たしかに四つのエーテルは、大きさ（容量）、節や関節や手足、諸器官、形態‐形姿、諸プロセスなどを生み出すことはできますが、その働きはあくまでも一般的なものです。四つのエーテルは麦やカエルの内でも、人間の内でと同じように働いています。ひとつの葉、ひとつの花、ひとつの手あるいは肺が生じるためには、四つのエーテルの内にさらなる諸力が加わって来なければなりません――そう、四つのエーテルに、ひとつの葉あるいはひとつの果実、ひとつの植物あるいはひとつの動物をつくり出すように促す上位の諸力、形成諸力が。マツユキソウ（待雪草）やバラ、マス（鱒）やツバメなど、特定の種が生まれるためには、種を形成する力がさらに加わって来なければなりません。そうして初めて、生命形成力が一堂に会することになるのです。これは超‐感覚的な知覚には、形成諸力体と呼ぶことのできるエーテル体あるいは生命体として現れます。

形成諸力は、第一章に示したような方法で研究していくことができます。しかしその前に、もうひとつ別の領域が描写されなければなりません。それというのも具体的な現実界は、四大と四つのエーテルだけで成り立っているのではないからです。そこには、四つのエーテルに対して対照的なあり方をしている、電気、磁気、等々の諸力が存在しています。これらの諸力は、宇宙的外延に関連している周辺的諸力ではありません。中心的諸力です。四つのエーテルは《上》から、つまり宇宙の外延から働きかけているのに対して、中心的諸力は自然の現実のなかで、地球の中心から、つまり《下》から作用しています。ルドルフ・シュタイナーは後者を、中心諸力あるいは下位諸力と呼んでいます。四大、四つのエーテル、下位諸力の総体が、形成諸力の作用へと向けて、世界の基盤と素材をつくり出しているのです。

追記

《形成力はいくつあるのでしょうか？》という問いに対する暫定的な答えが、23ページに挙げられています。しかし、化学元素の数とオイリュトミーの基本動作の数に関する当時の答えは、適切であるとは言えません。本来は、12と7（十二獣帯と七つの惑星）の形成諸力が存在しています。この問題については、現在執筆中の論文☆で詳しく論じられることになるでしょう。

E・マルティー

原註（★）・訳註（☆）

頁

09

★ Guenther Wachsmuth, Die ätherischen Bildekräfte in Kosmos, Erde und Mensch. Ein Weg zur Erforschung des Lebendigen. 1.Band Stuttgart 1924, 2.Auflage, Dornach 1926. 2.Band : Die ätherische Welt in Wissenschaft, Kunst und Religion. Vom Weg des Menschen zur Beherrschung der Bildekräfte. Dornach 1927.

10

★ Guenther Wachsmuth,《Zur Richtungstellung》Heft 2. März / April 1960 der《Beiträge zu einer Erweiterung der Heilkunst nach geisteswissenschaftlichen Gesichtspunkten》

15

☆《概念は経験の総計であり、理念は経験の帰結である。概念を得るためには悟性が必要であり、理念を得るためには理性が必要である》ゲーテは、経験（現象）を集めて概念とする能力を悟性(Verstand) と呼び、経験を直ちに概念に結びつけずに、それらの内から理念が自ずと顕れてくるのを待つ能力を理性 (Vernunft) と呼んだ。

★ 18
コリスコ L. Kolisko は数十年間にわたる研究をとおして、惑星と金属との関連を確認した。彼女の著作《地球物質の内の星々の働き (Sternenwirken in Erdenstoffen, Stroud 1952)》を参照のこと。

★ 23
オイリュトミーは形成諸力体のひとつの現れである。それはその動き、身振り、位置の内に、形成諸力のすべてを可視化している。

25
☆ここに述べられている〈プロセス〉を理解するには、射影幾何学の考え方が助けになるだろう：物質空間に関するユークリッド幾何学においては、点はそれ以上分割し得ない最小部分とされているので、たとえば〈全体としての直線は無数の点によって構成される〉ことになる。したがって、そこでは当然、部分=点は全体=直線よりも小さい。しかしこれに対して射影幾何学は、〈点は複数の直線が交わるところに生じる〉と考える。つまり〈点は、そこを通る無数の直線によって構成される〉と考えるのである。ここでは物質空間の場合とは反対に、点を構成する無数の直線が部分なのであり、無数の直線によって構成される点が全体なのである。— ここに述べられている〈プロセス〉を〈無数の直線〉に重ね、金あるいは肝臓を〈ひとつの点〉に重ねれば、言及されている事柄に関する全体的なイメージが得られるだろう。（なお、ここに述べた〈直線〉は〈平面〉に置き換えることができる）（耕文舎叢書《体と意識をつなぐ四つの臓器》を参照のこと。また、本書49 - 50ページの記述も参照のこと）

28

☆ 物質―プロセスの対極性。これは、以下の段落に述べられている〈物質を累乗‐希釈していくプロセス〉にかかわる事柄である。すぐ次に述べられている〈形成力―形態の対極性〉とともに、右に挙げられている三つのシェーマを参照のこと。

29

★ 著者の《ポテンツィーレンされた治療薬》のなかの《ポテンツィーレンすることの本質》(《Vom Wesen des Potenzierens》 in 《Potenzierte Heilmittel》 1971. Stuttgart) を参照のこと。

☆ 右の原註における〈ポテンツィーレン (Potenzieren)〉は、同種療法(ホメオパシー)で薬剤を累乗‐希釈してその効能を強めることを意味している。―ホメオパシー(健康体に与えると当該の病気に似た症状を引き起こす薬剤を、ごく微量、患者に与える治療法)の創始者ハーネマン S. Hahnemann (1755-1843) は、薬剤を希釈する過程に一種霊的な力が生じることについて述べている。この霊的な力は、現代の科学界においても言及されるに到っており、フランスの化学者 Jacques Beneviste は、化学物質のいわばエネルギーの型をポジティヴとすれば、すでに物質の残留が認められないほどに希釈された媒質に、その型の痕跡がネガティヴに刻印される、と発表している。ポテンツィーレンとは、通常の意味における化学事象にとどまるものではないのである。―アントロポゾフィーのホメオパシーにおいては、希釈率も希釈のプロセスも、本書に述べられている事柄すべての関連において重要な意味を持っているが、訳者にこれを解説する能力はない。ここに、T・シュヴェンク Theodor Schwenk の《ポテンツ研究の基礎 (Grundlagen der

Potenzforschung, Weleda Verlag, 1954)》の第三章〈物質界の生成について〉から、ひとつのシェーマを引用する。

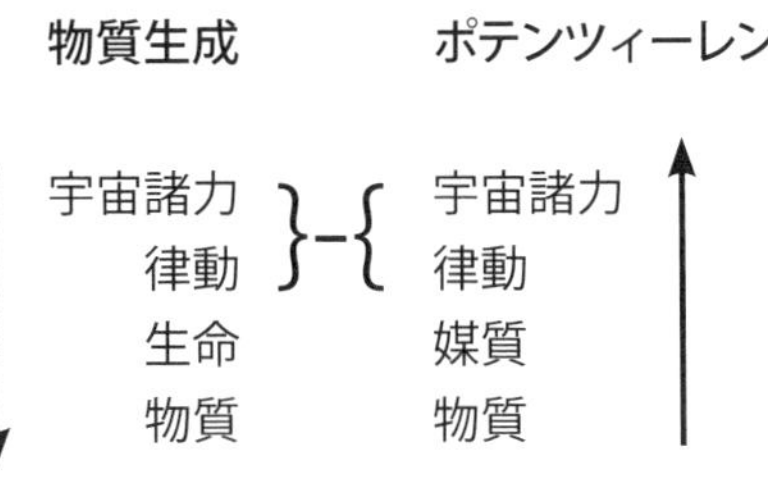

★ 34

★ 霊的実体としての光は、光エーテルよりも高次に存在する原理である。

★ この論文中の、水、音などの表記は、水元素、音エーテルなどを意味する。

38

★科学の世界は古代のむかしから、空間とは何かという問題と取り組んできた。ルドルフ・シュタイナーは《ゲーテ自然科学著作集》への序《ゲーテの空間概念(Der Goethesche Raumbegriff)》のなかで、空間と三次元の問題を余すところなく解明している。空間に関する彼の認識は、エーテル的なものの認識にとっても、欠くことのできない基礎となるものである。

39

☆向光性＝Photoo-tropismus の Photo- は光の意。ここに述べられている光光性には光エーテルがかかわっていることが、以下の記述から明らかである。ちなみに、向日性＝Helio-tropismus の Helio- は太陽の意。

43

☆この事象は、T・シュヴェンクの《感じやすい混沌(カオス)》―耕文舎刊―に、詳しく、美しく、描写されている。

45

★吸い込み持ち上げるエーテルの作用を体感することのできる、簡単な実験がある(コーンシュタム Kohnstamm の実験)―まず最初に右腕(あるいは左腕)を体側の方向に、水平になるまで持ち上げます。これには当然、何の問題も生じません。では今度は、壁のすぐそばに立ち、同じように腕を持ち上げようとします。さて、壁を押し退けることはできませんから、今度はうまくいきません。しかしそれでもなお、腕の外側、手の甲を壁に押しつけ、ありったけの力で腕を持ち上げようとします。これを30秒ほどつづけます。さて、腕から意志を退かせて（つまり力を抜いて）壁から離れると、思いがけないことが起こります。そう、ぶらりと下がっていた腕が、ひとりでに浮き上がっていきます。ときには水平どころか、もっと上まで浮き上がっていきます。まるで重さがなくなったかのように、上へ上へと浮き上がっていきます。いったい何が起こったのでしょうか？ ― この現象は、アントロポゾフィーの人間学によって説明することができます。腕を持ち上げようとする意志が腕のなかへ流れ込み、腕のエーテル体を捉えます。その結果、腕のエーテル体が動きへと促され、次いで物質体の腕が動き出します。腕を持ち上げようと壁に押しつけていたときに集中的に集められていた意志の力が、いわばエーテルの腕を物質体の腕から解き放ち、エーテルの腕を持ち上げていくのです。腕を持ち上げようとする意志が退き、壁がなくなると、エーテルの腕は物質体の腕を自分の方へ引き寄せます。まさにここで、軽さを生み出し、吸い寄せる、エーテルの力が体験されることになるのです。アントロポゾフィーの精神科学は、軽さを生み出すこの力（Leichte-kraft：重力に対する軽力 ― 浮力ではない）が生物すべての内に浸透していることを明らかにしています。エーテル体の力は生物の体液の内により深く浸透しているので、この軽力に浸されている体液のすべてが重力と闘っているのです。たとえば血液は、ほとんど重さを持たずに循環しています。このことは、血液が足に滞らないのはなぜなのかを明らかにしています。病気になると、エーテル体が体液を軽力の内に保てなくなり、足のむくみが生じます。

46

☆植物体の茎をめぐる葉序には、対生、輪生、互生の三種がある。植物体の生長にともなって次々と発生する節が向かう方向は、ある一定の秩序・法則にもとづいて回転する。ひとつの節から次の節へといわば上昇していくあいだに90度回転するなら、葉が向かう方向は2回の回転でもとに戻る。もとの方向に戻るのに5回の回転、つまり5つの節が必要であるなら、その植物体の回転角度は72度ということになる。

59

☆たとえば〈内包量〉ということばを取り上げよう。この場合のその〈量〉は、同一種類のものを加えてもその大きさが増すわけではない量、強度の変化のみが問題になる量を表わしている。熱はそのようなものとして存在しており、温度計によって〈外延量〉に翻訳される。

60

☆前段と結びつけつつ人間を例に述べるなら — 金：身体の内なる太陽 = 〈金の生みの親〉である心臓は、血液の流れ = 熱の流れが集中する〈内包的〉な中心である ／ 珪素：皮膚や体毛や毛髪など、身体の外表面に広く分布している。

68

★ Die Weltgeschichite in anthroposophischer Beleuchtung und als Grundlage der Erkenntnis des Menschengeistes. Vortrag vom 27. Dez. 1923. GA 233, Dornach 1962.

71

★ Dr. Willem F. Daems《Die Rose ist kalt im ersten Grade, trocken im zweiten》in《Beiträge zu einer Erweiterung der Heilkunst nach geisteswissenschaftlichen Erkenntnissen》, Heft 6/1972.

78

☆《エーテル的なもの》を指している。（翻訳あり：丹羽敏夫訳／涼風書林刊）

参考資料

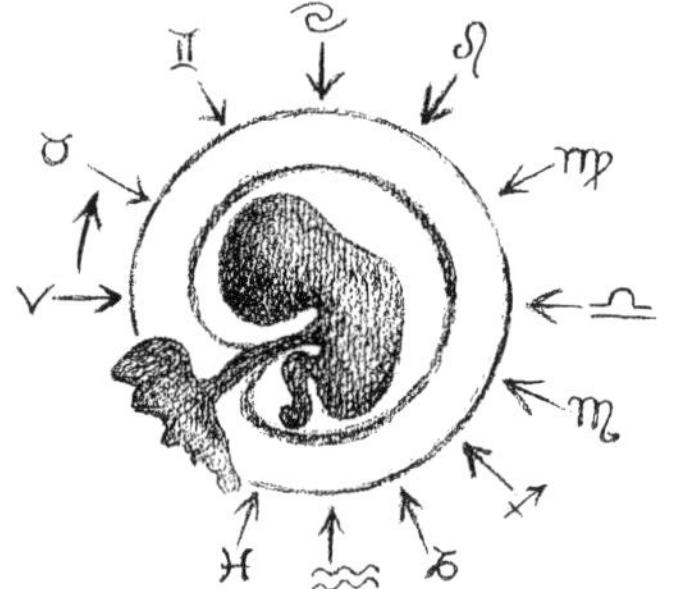

人間と動物の形姿も十二獣帯に由来します。… 人間の形姿は胎膜の内の暗闇にきざします。…十二獣帯の諸力はその円環状の配置において働きます。… 人間の場合、その外的形姿の形成は、牡羊座による額と頭蓋の形成に始まり、魚座による足の形成に終わります。中世に描かれたこの図像は、その当時まではまだ、このような事柄への深い造詣があったことを示しています。

E・マルティ《エーテル的なもの (Das Aetherische, Verlag Die Pforte)》より

地球から見た金星の軌跡と《金星の花》
E. M. Kranich:Die Formensprache der Pflanze. Stuttgart 1970

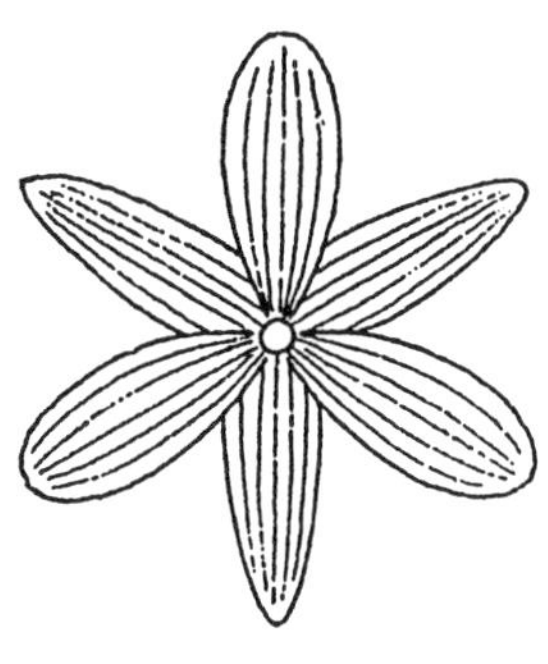

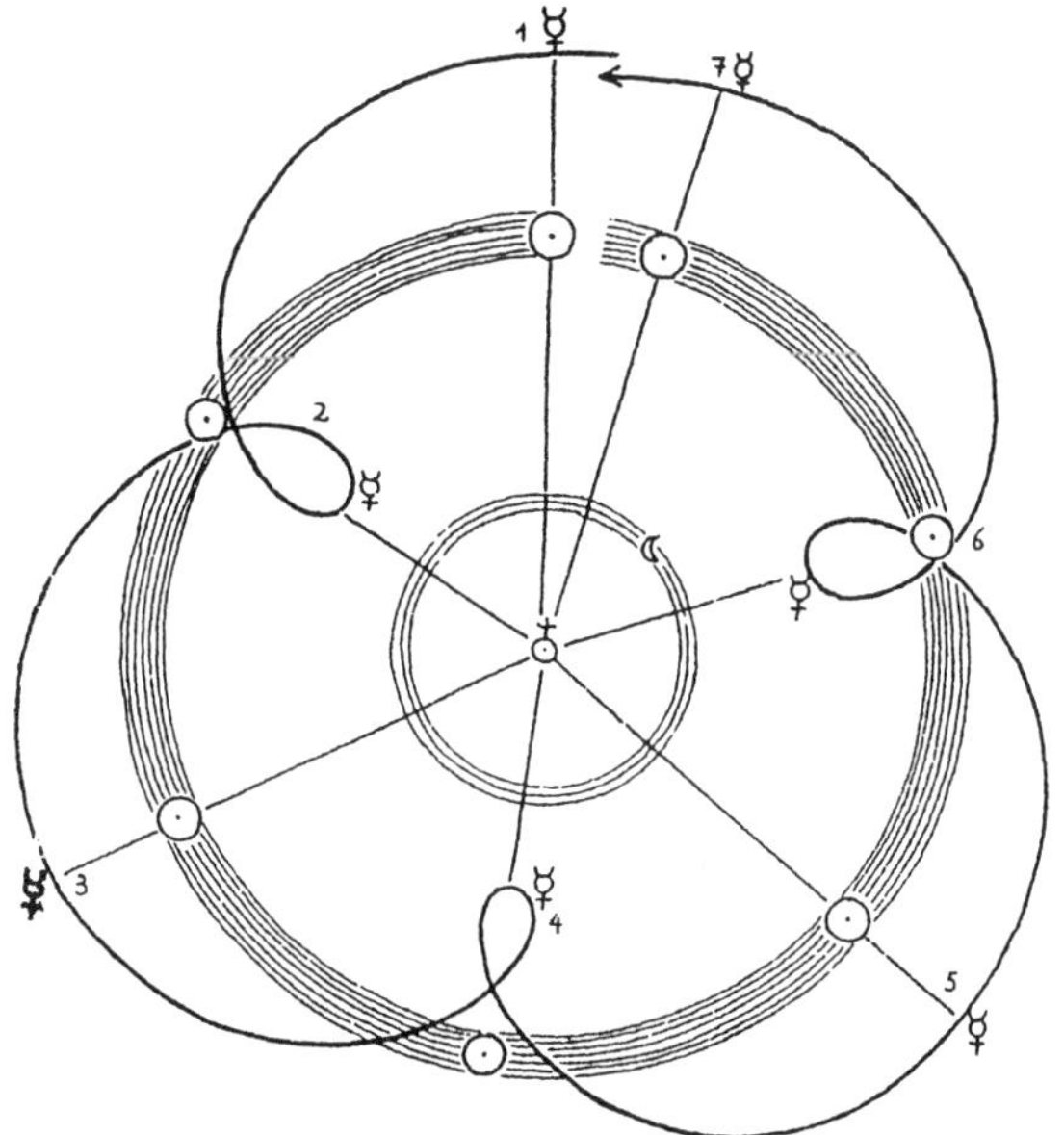

地球から見た水星の軌跡と《水星の花》

E. M. Kranich:Die Formensprache der Pflanze. Stuttgart 1970

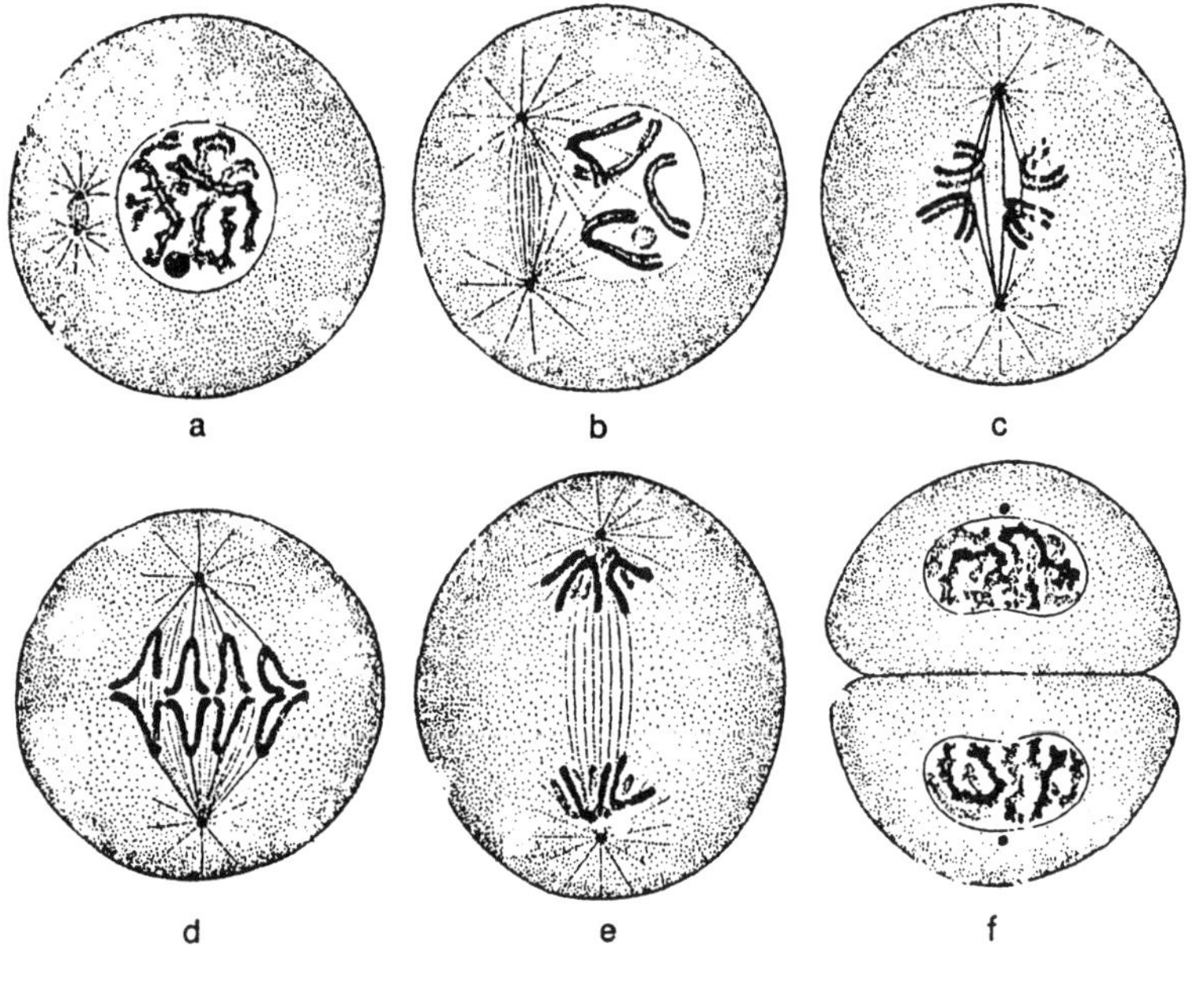

次々と生起する細胞分裂のプロセスは、クラドニーの音響造形を想起させます。— 最初に二つの節が、つまり、すべてがそのあいだに演じられる細胞核の中心体が登場します。緊密な状態にあった細胞核が刺激され、緩められ、ほどかれて、さまざまな形に形成されます。それらは中心部に整えられ、染色体が細かく分化し、長さに沿って分裂して二つの節へと移行し、また球状に集まります。ここに、鏡像のように同じ形をした二つの核が現れます。分離としての細胞分裂は、あらゆる生物生成の原事象です。

E・マルティ《エーテル的なもの (Das Aetherische, Verlag Die Pforte)》より

クラドニーの音響造形（Chladni, Ernst Florens Friedrich, 1756-1827）

金属板上にヒカゲノカズラの胞子粉を撒き、その金属板をヴァイオリンの弦や弓などで擦って振動させます。この振動は金属板全体に一様には行きわたらず、振動する部分と振動しない部分が生じます。すると胞子粉は振動しない部分に集まっていき、そこに節あるいは節面をつくり出します。振動数によって一定の模様が現れ、振動が細かくなるにしたがってその模様も細かくなります。模様はあらゆる楽器において現れます。この研究の後継者として、ハンス・イェニーが有名です (Jenny, Hans《Kymatik》Basilius Press)。

G・クニーベ《四大元素》より— Georg Kniebe《Die vier Elemente》Moderne Erfahrungen mit einer altenWirklichkeit, Verlag Freies Geistesleben.

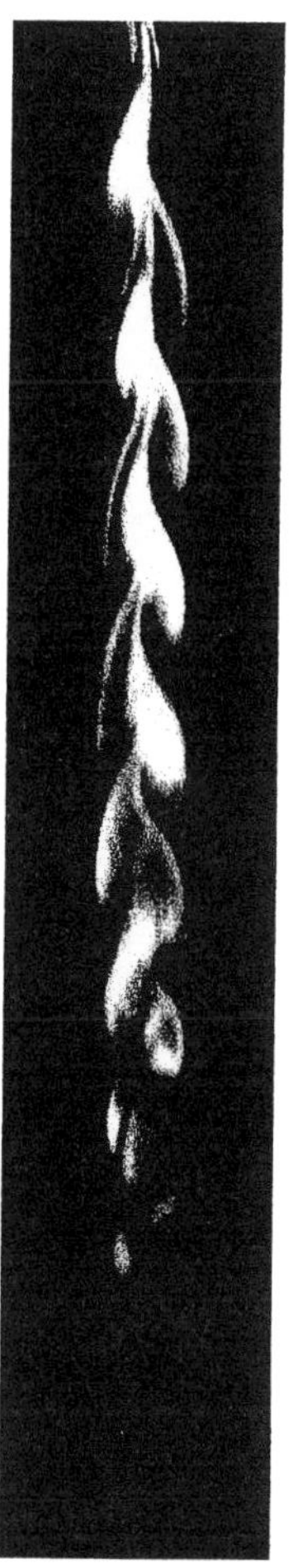

音の節形成

静かに燃える炎が音に反応し、二極間を揺れながら上昇していく。この写真はフルートの場合。

T・シュヴェンク《感じやすいカオス》より— Theodor Schwenk《Das sensible Chaos, stromendes Formenschaffen in Wasser und Luft》Verlag Freies Geistesleen

エルンスト・マルティ

(1903-1985) 医学博士。長年にわたり医師としての職務に就きつつ、ドイツ・アントロポゾフィー医学協会創設者のひとりとして、イータ・ヴェクマン医学博士等とともに精力的に活動した。とりわけ、オイリュトミーを治療の現場に導入するべく尽力し、自らの医院でも積極的に実践した。研究活動としては、エーテルに関する問題や、それに密接に関連する製薬プロセス（ポテンツィーレン＝累乗 - 希釈 - 強化プロセス）に関する問題に注力した。

石井秀治

1946 年生まれ。東京藝術大学美術学部彫刻科中退。ドイツ、ヴィッテンのヴァルドルフ教員養成コースにて学ぶ。訳書に、J. ボッケミュール『植物の形成運動』、W. ホルツアップフェル『体と意識をつなぐ四つの臓器』、A. ズスマン『魂の扉・十二感覚』、K. ケーニヒ『十二感覚の環と七つの生命プロセス』他。耕文舎主宰。

耕文舎叢書● 8

四つのエーテル［改訂版］

発行日　2013 年　冬　初版発行
　　　　2022 年　初夏　改訂版第二刷発行
著者　エルンスト・マルティ
訳者　石井秀治
発行　耕文舎　〒 325-0103 栃木県那須塩原市青木 390 - 43
　　　Tel / Fax 0287- 62- 6320
発売　株式会社イザラ書房　Tel.0495-33-9216　Fax.047-751-9226
印刷・製本　株式会社シナノパブリッシングプレス

ISBN 978-4-7565-0138-7 C0040

耕文舎叢書〈既刊案内〉

耕文舎叢書●1　植物の形成運動

J・ボッケミュール著／石井秀治＋佐々木和子訳

花をつける植物の生長過程に次々と現れる葉の形の変化（メタモルフォーゼ）のなかには興味深い法則がひそんでいます。植物学者である著者はその法則を、身近な植物からなる多くの図版を用いて具体的・映像的に論じています。R・シュタイナーが述べているように、植物のメタモルフォーゼの観察は、目に見えないエーテル体（生命体）へのアプローチをもっともわかりやすい仕方で可能にしてくれます。本書はアントロポゾフィー自然科学への入門書とも言える著作です。

耕文舎叢書●2　芸術治療の実際

E・メース‐クリステラー著／石井秀治＋吉澤明子訳

本書には、アントロポゾフィーの絵画・造形療法の治療作用が、著者自身による実践をとおして具体的に述べられています。治療的に作用する芸術的要素は、それを必要としている一人ひとりに個別的に与えられます。なぜなら、一人ひとりの人格は唯一無二の独自なあり方をしていますし、そこに生じる〝かたより〟も、その人格の独自性のなかに現れたものであるからです。アントロポゾフィーの絵画・造形療法は、このような考え方のもとに選び出された芸術的行為の能動性をつうじて、本来だれにも具わっているはずの自己治癒力に働きかけます。

耕文舎叢書●3　魂の扉・十二感覚

A・ズスマン著／石井秀治訳

《大地も海も湖沼も大気も、さまざまな廃棄物によってますます汚染されてきています。しかし汚染されているのはそれだけではありません。私たちの感覚の世界も著しく汚染されています。それにもかかわらず私たちは、それをあまり意識していないのではないでしょうか？　この講座での私の試みは、まさにこのような状況のなかでの治癒の始まりを示すことでした。癒しの霊を求める者は、毎日与えられる日常生活のなかにも、その顕れを見出すことができるのです》
著者はアントロポゾフィーへの入門書とも言い得る性格をもつ本書で、ルドルフ・シュタイナーの感覚論をわかりやすく語り、私たちが実際、私たちのもっとも身近にある感覚の世界をいかに知らずにいるかに気づかせてくれます。

耕文舎叢書●4　体と意識をつなぐ四つの臓器

W・ホルツアップフェル著／石井秀治＋三浦佳津子＋吉澤明子訳

本書は次の六つの章から成っています ― 四つの臓器とその他の器官／肝臓は行為に向けて力を与える／肺は思考に堅さ（硬さ）を与える／腎臓は魂のいとなみに生気を与える／心臓は内なる支えを与える／臓器に属する周辺領域

本書に述べられている臓器と魂との相互的かつ密接なかかわり合いの世界は、いわゆる自然科学的な思考方法に慣れ親しんできた私たちの〝知性〟が求めるものとは大きく異なっています。臓器の現実的なあり方が、観察視点が異なることによっていかに異なって見えるかを、私たちは本書をとおして体験することになるでしょう。

耕文舎叢書●5　発生学と世界の発生

K・ケーニヒ著／石井秀治訳

医学博士カール・ケーニヒは本書に収録された六つの講演で、〈個体発生（受精から誕生へといたるまでの一人ひとりの人間の発生プロセス）は、系統発生（太古のむかしから現在へといたるまでの類としての人間の発生プロセス）を繰り返す〉という、発生学における重要なテーゼを、

R・シュタイナーの《神秘学概論》とモーゼの《創世記》に結びつけつつ、また射影幾何学など他の科学分野の観点を導入しつつ、圧倒的な拡がりと深さをもつパースペクティヴのもとに、多くのスケッチを添えてわかりやすく語っています。彼はまた、人間のあり方を認識する上できわめて重要な、人間の四つの存在構成要素（自我・アストラル体・エーテル体・物質体）についても、彼独自の発生学的観察のもとに、イメージ豊かに語っています。この六つの講演は、治療教育を核とするキャンプヒル運動の創始者でもあるケーニヒが、霊の世界に召される直前に行なったものです。

耕文舎叢書●6　エーテル空間
G・アダムス著／石井秀治訳

物質空間の対極相にある空間、生命を生み出し支えているエーテル空間が存在します。著者は、空間のなかへ生成し消滅していく生命的空間現象を、アントロポゾフィーの観点から拡張され深められた射影幾何学をとおして観察し、多くの美しいイラストを添えて映像的に描写しています。《私たちを正しく導いてくれる思考は、物質空間とエーテル空間との対極性を認識することをとおして、物質空間をよりいきいきと、より統合的に観察しようとする思考なのであり、エーテル空間を冷たく分析する思考なのではありません》

耕文舎叢書●7　空間・反空間のなかの植物

G・アダムス＋O・ウィチャー著／石井秀治訳

《形成諸力は、植物体の個々の器官（根、葉、花、果実）に、それらが身につけるべき形態を与えています。ところが…最近の自然科学においては、物質それ自体の複雑な構造やそれらの関連を解き明かす研究に力点が置かれているあまりに、〈生物がそのいきいきとした特徴的な形姿の内に取り込み身につけていく物質に作用する形成諸力〉に関する研究がなおざりにされています。自然界に作用しているこの形成諸力を、明晰な幾何学的観察方法をもって認識していこうとする本書の試みは、ひとつの大きな科学的功績と見なすことができるでしょう》―序文から

本書は、植物に関するゲーテの観察方法と、形成諸力の世界に関するルドルフ・シュタイナーの霊的・映像的認識にもとづきながら、そこにアントロポゾフィーの観点から拡張され深められた射影幾何学の観点を導入した、まったく新しい科学的アプローチの記録です。

耕文舎叢書●8　四つのエーテル

E・マルティ著／石井秀治訳

《本書は…ルドルフ・シュタイナーのことば―諸エーテルの名称、宇宙の進化史におけるそれ

らの発生順序、四大諸元素（地水火風）と諸エーテルの対照性 ― から、四大とエーテルの理念を正しく認識しようと試みたものです》

《たとえば一本の菩提樹の前に立ちましょう。その大きさと高さは〝光エーテル〟の働きであり現れです。樹冠の精妙な分枝とその秩序は〝音エーテル〟の現れであり、無数の葉・枝・根の全体性の内には〝生命エーテル〟の働きがひそんでいます。樹齢七十歳の樹にいまなお花が咲くのは〝熱エーテル〟の働きです。… 四つのエーテルの働き、つまり感覚界に時間を生み出し、空間を創り出し、分離しているものを結びつけ、ひとつの統一体にする働きを学んでいくなら、私たちは自然界全体を新たな相において観照し、認識していくことができるのです》

耕文舎叢書●9　認知症

ヤン＝ピーター・ファンデルシュティーン著／石井秀治訳

《認知症を抱えることになってしまったとしても、私たちの人間的成長はそこで終わってしまうわけではけっしてありません。認知症のせいでことばの世界・思考の世界が失われてしまったとしても、私たちは、だからこそ再び新たに開かれる、かつての豊かな感情と意志の世界の内に〈迎え入れられる〉ことになるのです。まさに私たちはそこでこそ ― 新たな人生へと通ずる死の扉を押す前に ― さらに新たに成長していくことができるのです》

耕文舎叢書●10　十二感覚の環と七つの生命プロセス

カール・ケーニヒ著／石井秀治訳

この感覚をとおして私たちは何を体験するのか？
この感覚の器官はどこに見出されるのか？
この感覚は私たち人間にとって何を意味するのか？

感覚領域それぞれのあり方を明らかにしようと試みたとき、著者の考察は、現象の場から表象像へ向かい、そこからさらに霊的なもののいとなみとしての運動、色、音、等々の世界へ向かう。

二つの人間学的領域、つまり感覚領域と生命プロセス領域の全体を、シュタイナーのことばを起点に置きつつ根本的かつ包括的に、ある感覚領域が伝えてくる知覚のなかで私たちは何を体験するのかを、また同時に、知覚する者の状況は、感覚から感覚へと順に配列されている感覚諸領域のなかで、どのように変化していくのかを描写した講演録。